LE CHIEN

PARIS. — IMP. SIMON RAÇON ET COMP., RUE D'ERFURTH, 1.

A.-G. BEAUMARIÉ

LE CHIEN

ÉTUDE

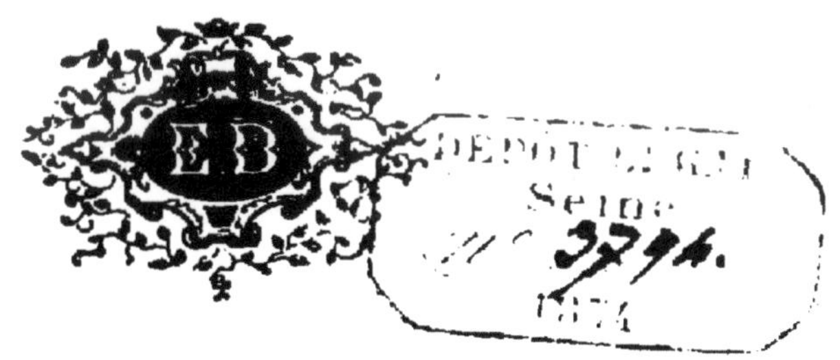

PARIS
E. DENTU, LIBRAIRE-ÉDITEUR
PALAIS-ROYAL, 17 ET 19, GALERIE D'ORLÉANS

1874

Il y a un peu plus de trois années que l'auteur de ces pages a été enlevé à ses amis et aux siens. Il les avait écrites en souvenir d'un exercice d'adresse dans lequel il excellait, et par un sentiment de justice trop peu accordée en général à l'espèce entière et aux humbles compagnons de ses années de succès, prolongées jusque bien loin dans l'âge mûr.

Ainsi qu'il le dit quelque part dans ces pages, c'est à ceux que les années forcent au repos de se souvenir et d'être équitables.

Si une maladie lente n'était venue petit à petit le forcer à rétrécir le cadre qu'il comptait remplir de ses réflexions personnelles et de ses recherches dans les auteurs qui ont traité de la matière, peut-être aurait-il pu convaincre plus d'un lecteur rebelle pour lequel la glorification du chien, cet animal si bon, si doux pour son maître, et qui lui est si absolument dévoué, peut paraître cependant exagérée. Mais le temps et les forces lui ont manqué. Le sentiment seul survivait chez lui comme dans les natures excellentes et privilégiées, et l'esprit se plaisait à croire que le cœur suffisait à tout prouver.

Voilà comment, au milieu de bien des pages charmantes et qui reflètent la nature aimable et pleine de douces impressions de celui qui les a écrites, le lecteur pourra se demander quelle en est la conclusion péremptoire.

Telle qu'elle est, et sûre d'être agréable à ceux qui ont connu intimement l'auteur de cette étude, je viens la leur offrir afin de donner ainsi satisfaction à l'un de ses plus chers désirs.

Si la guerre et ses suites funestes n'étaient venues distraire mes pensées et remplir mes instants, j'aurais depuis longtemps accompli ce que j'ai toujours regardé comme un devoir d'affection.

Je le répète, j'offre ces pages à ceux qui ont conservé un souvenir bienveillant de celui qui les a tracées, dans l'espérance qu'elles le raviveront, et qu'elles seront accueillies avec indulgence.

C. B. C.

UN SALUT AU LECTEUR

C'est ici, comme eût dit Montaigne, *un livre de bonne foy ;* oui... c'est bien un livre de conviction et d'affection. Ah ! si mes aptitudes eussent marché d'accord avec mes sympathies, quelle œuvre charmante eût pu sortir de ma plume !

Telle quelle, lecteur bénévole, puissiez-vous trouver à sa lecture la moitié du plaisir que j'ai pris à l'écrire ; je ne saurais répondre par un souhait plus amical à la confiance qui vous fait affronter l'œuvre d'un auteur inconnu.

CAUSERIE FAMILIÈRE

AVEC LE LECTEUR

Bien des années se sont écoulées depuis le jour où j'ai jeté sur le papier les premiers linéaments de cet ouvrage, protestation de mes convictions blessées contre les tendances de notre époque à rabaisser le caractère et les actes du chien, comme pour se soustraire à toute reconnaissance des services reçus.

Ce n'est pas au bouvier stupide que j'irai reprocher l'iniquité de ses violences envers son patient compagnon ; il ne me comprendrait pas.

C'est à ceux qui chaque jour, au nom de leur sécurité, de leur capital, de leur passion, font un appel, toujours entendu, au courage, au zèle, à l'intelligence, au dévouement du généreux animal, et se croient acquittés envers lui par le morceau de pain qu'ils lui jettent.

C'est à ceux là que je m'adresse, et ils sont nombreux. C'est encore à ceux qui, se faisant les échos d'une fausse maxime échappée à l'entraînement artistique d'un grand écrivain, proclament le cheval un plus noble animal que le chien [1], ce qui revient à signaler à l'estime des hommes la force musculaire et la beauté plastique comme de plus haute valeur que l'intelligence et le dévouement : atteinte manifeste au sens moral. C'est aussi à ces spéculateurs froids et hautains qui repoussent le chien de leur mépris, comme indigne de l'attention de tout esprit sérieux. Tous ceux-là sauront me comprendre ; non pas que je me flatte de ramener à mes convictions cette foule égarée ; je veux au moins lui crier qu'elle s'égare.

Mais avant d'exposer mon système, je me propose de faire passer sous les yeux du lecteur un récolement de tous les jugements portés sur le

[1] La plus noble conquête de l'homme... c'est le cheval. (BUFFON.)

chien par les hommes de toutes les époques, qu'ils appartiennent à la classe lettrée, ou à la masse populaire. Encore bien que mon insuffisance ne m'ait pas permis d'interroger les auteurs de tous pays, notamment ceux de l'Allemagne et de l'Angleterre; encore bien que je me voie privé d'un assez grand nombre de documents par moi rassemblés, et dont je ne puis espérer désormais réparer la perte, ce travail réunit encore assez de matériaux pour présenter, je le suppose, quelque intérêt. Pour ma part, je n'ai pu voir sans surprise des appréciations si diverses, si contradictoires s'accumuler sur une même tête.

C'est un conflit auquel prennent part les peuples aussi bien que les individus et dans lequel intervient souvent la passion avec ses excès. Et parmi les glorificateurs même les plus ardents, quelle variété et parfois quelle divergence d'appréciations! Unanimes dans le sentiment élogieux, ils ne s'accordent pas dans l'éloge ; il semble que plus particulièrement épris de telle ou telle autre qualité du modèle, chaque artiste, chaque peintre, se soit placé, pour l'étudier et le décrire à un point de vue tout particulier, qui n'est celui d'aucun de ses compétiteurs. Il en résulte que chaque portrait présente au spectateur une physionomie spéciale ; c'est bien toujours le chien qu'on a sous les yeux, mais diversement éclairé, diversement envisagé.

Que conclure de ce conflit des opinions ? Que conclure de cette variété de portraits qui, loin de nuire à la ressemblance, ne sert qu'à la rendre plus complète ? Ce n'est pas ici le lieu de le dire, mais chacun pressent que cette conclusion ne peut qu'être favorable au chien.

Est-il bien nécessaire, lecteur, de vous avertir que l'étude que j'entreprends s'applique uniquement au chien de race, et nullement au chien de rues ? Le chien de rues n'a plus aucune des qualités morales qui font du chien de race l'ami, le serviteur, l'allié le plus dévoué de l'homme ; c'est un être déclassé, le paria de son espèce ; il a contracté tous les vices, toutes les turpitudes qu'enfantent la misère et l'abandon ; c'est un rouage égaré, inutile, d'un mécanisme brisé, disparu ; c'est un satellite séparé violemment de son centre d'attraction et d'évolutions ; le chien de rues n'a plus de raison d'être ; il ne représente pas plus l'espèce canine que le vagabond qui s'est mis hors la loi ne représente l'humanité. Seulement on peut affirmer, en faveur du chien de rues, que ce n'est pas par choix qu'il se trouve engagé dans les hontes de luttes et de rapines ; le plus ordinairement, de durs héritiers l'ont rejeté hors du domaine où il n'a plus de maître à servir.

LE CHIEN

INTRODUCTION

Si nous pouvions soulever les voiles du passé, nous verrions sans doute l'histoire du chien se mêler à l'histoire de l'homme dès les premiers pas que fit celui-ci sur la terre ; mais ce n'est que par l'étude des faits positifs qu'il nous est possible d'arriver à cette conclusion.

Or, le fait le plus ancien par lequel cette alliance s'affirme d'une manière certaine, encore bien que nous ne puissions pas en préciser la date, ne remonte pas jusqu'à ces âges lointains : je veux parler de la formation du troupeau. J'ai vu dans un tableau de Pasini cet épisode raconté en traits tellement saisissants qu'il s'est gravé dans ma mé-

2.

moire; je ne saurais mieux faire que de lui emprunter ce récit.

SUR UN TABLEAU DE PASINI

« La nuit descend sur la terre, et dans la plaine où déjà son ombre s'épaissit, l'œil cherche en vain de proche en proche à distinguer quelque forme qui révèle le mouvement et la vie: c'est là-bas qu'il faut regarder.

« Sur la ligne médiane qui partage le ciel et la terre, ne voyez-vous pas deux groupes dont la silhouette se détache en noir, sur les lueurs pâlissantes du crépuscule?

« Dans l'un est un homme dont le corps incliné s'appuie sur un bâton. A ses pieds est assis un chien. L'homme et le chien sont immobiles; sous l'impression d'une pensée qui semble la même, tous deux tiennent leur regard attentivement fixé sur l'autre groupe qui se voit à peu de distance.

« Ce second groupe est un troupeau. Les brebis nombreuses se pressent entre elles; on devine que leur dent rapide se hâte de tondre les dernières touffes d'herbe, car voici l'heure de rentrer au bercail. De vous à ces deux groupes, l'ombre et le mystère; derrière eux, l'inconnu, l'infini... »

C'est là tout le tableau.

La simplicité du sujet vous charme et vous

captive; vous retrouvez là, dans sa mélancolie naïve, une scène quotidienne de la vie pastorale, que vous avez pu rencontrer dans les landes ou sur la montagne; c'est cela en effet, mais c'est plus encore.

Vous avez là sous les yeux l'un des épisodes les plus importants des destinées humaines, la première page de la civilisation.

Cet homme est le premier pasteur. Guidé par une sagacité prévoyante ou tout simplement conseillé par une incapacité relative, il a déposé la fronde et l'épieu ; il a dérobé leurs petits à quelques espèces sauvages, leur a donné ses soins, les a multipliés... Son but est atteint, il n'aura plus désormais à poursuivre chaque jour une proie toujours incertaine; il trouvera sous sa main et en abondance une chair savoureuse pour rassasier sa faim; de chaudes toisons pour abriter son corps. Oui... son but est atteint, mais de combien il est dépassé !

Cet homme travaillait pour lui seul... et son œuvre accomplie va changer la face du monde ! Près de cette source de vie qui sans s'épuiser verse incessamment ses largesses aux besoins les plus impérieux de chaque jour, la peuplade se groupe, se fixe au sol ; les puissances jusque-là dispersées de l'intelligence et de la force musculaire, sont réunies en faisceaux... les heures de la méditation s'allongent et se multiplient ; de ce berceau des sociétés s'élèvera bientôt une voix retentissante qui conviera l'humanité entière à prendre part aux bienfaits de l'association ; et l'homme inculte et sauvage que les éclats de cette grande voix iront troubler jusqu'au fond de ses solitudes, prêtera une oreille avide aux merveilles de ses enseignements.

Quel était-il ce bienfaiteur de l'humanité ? Son nom s'est perdu dans l'espace ; par quelle voie, en quel laps de temps ces mots magiques de *progrès*, d'*affranchissement*, partis des rives de l'Oxus, sont-ils arrivés jusqu'à nous ? Nul ne le sait aujourd'hui ; mais un fait important reste acquis désormais à l'histoire du chien : c'est que la première fois qu'il se révèle à nous dans le passé, nous le voyons associé à l'homme, et par son concours nécessaire, décisif, aidant l'homme à fonder le troupeau, c'est-à-dire à jeter les premières assises de la civilisation.

Si de ce point culminant le regard de l'observateur se détourne d'un passé où le mouvement s'est éteint, pour se reporter vers les âges où la vie coule à pleins bords, il retrouvera le chien conservant, après tant de siècles écoulés, la même attitude, les yeux toujours fixés sur le troupeau dont l'homme lui a confié la garde. Semblable à ces sphinx de granit enfantés par l'Égypte, qui, couchés dans les sables du désert, regardent passer les générations et les âges sans abaisser la paupière, sans sortir de leur immobilité, tel le chien veille encore sur l'œuvre à laquelle il a eu la gloire de concourir ; sphinx lui-même, il pose aux sociétés qui passent le problème de sa puissante organisation et d'un dévouement que ne peuvent ébranler ni l'ingratitude ni les violences des hommes.

Recueillons donc les voix qui, dans l'antiquité et les temps modernes, se sont élevées pour ou contre le chien.

PREMIÈRE PARTIE

LE CHIEN DEVANT L'OPINION

ENQUÊTE A TRAVERS LES AGES

I

LA JUDÉE

Lorsque, réalisant la conquête la plus féconde de l'esprit humain, d'ardents chercheurs eurent donné un corps à la pensée, à l'aide duquel elle put désormais, intacte, inaltérée, traverser les espaces et les temps, le premier usage qu'ils firent de cette force nouvelle, ce fut sans doute, après avoir rendu grâce à Dieu, de parler aux hommes des intérêts qui les attachaient à la terre; c'est-à-dire que tandis qu'il était réservé à Moïse de raconter dans un livre inspiré les merveilles de de la création, et comment Dieu tira du néant l'homme et toutes choses, avant lui, autour de lui, il se rencontra nécessairement des écrivains profanes qui retracèrent les durs labeurs de nos premiers parents, les succès lentement obtenus à l'aide desquels ils parvinrent à s'affranchir des incertitudes de la vie sauvage, la découverte du grain nourricier, la fécondité intarissable du sillon, le secret du verger, la richesse du troupeau et les races sauvages auxquelles il fut emprunté. Ils ne purent garder le silence sur le chien, ce compagnon assidu des mœurs agrestes, cet auxiliaire indispensable des peuples pasteurs; ils dirent comment, au jour même où l'homme entra en lutte avec les difficultés de la vie, le chien s'offrit à lui pour veiller et combattre à ses côtés; d'autant plus sûrs d'intéresser, qu'ils racontaient à l'homme sa propre histoire; d'autant plus certains d'être vrais, qu'ils étaient plus rapprochés des sources vraies de la tradition.

Mais de tous ces écrits et de tant d'autres, auxquels leurs auteurs attachaient incontestablement une espérance de gloire et de pérennité, un seul a survécu, porté sur tous les points du globe par un peuple qui semble à dessein dispersé; un seul!..... le livre de l'historien sacré. Tout le reste a sombré dans des cataclysmes inconnus.

Il ne m'appartient pas de m'arrêter sur ces hauteurs, et de me faire l'interprète des graves leçons qui semblent jaillir de ce puissant contraste. J'ai voulu seulement donner un regret à ces notions perdues que pouvait nous transmettre la Judée sur une série d'événements qui ont marqué les pas de l'humanité dans la voie de la civilisation, et qui, aujourd'hui même, gardent encore leur importance.

Un regret! car nos archives sont bien pauvres en documents historiques! et il y tant de choses que nous aurions intérêt à connaître!

Que savons-nous? que saurons-nous jamais de nous-mêmes, de notre globe et de ce qu'il enserre? Les premières pages : des chapitres entiers manquent à toutes ces histoires; nos recherches ne datent que d'hier; nous ne connaissons du temps que l'heure présente!

La Genèse, en effet, n'a point pour objet de nous initier à toutes ces choses; c'est un phare gigantesque qui projette ses lueurs sur les hautes cimes, et laisse dans l'ombre les plans inférieurs, et Moïse, comme historien, ne franchit la limite des annales judéennes que pour dénombrer la postérité d'Adam et marquer la date des grandes catastrophes.

C'est à reconstituer ces pages absentes que s'appliquent certains esprits, curieux de retrouver la trace du passé. Sachons-leur gré de leurs efforts; il y a quelque noblesse à se dévouer au culte de la vérité. Ramener à la lumière et livrer au courant des idées une vérité, ou cachée ou perdue, n'est-ce pas restituer au trésor commun une part égarée de ses richesses? Et si quelque doute vient à s'élever sur la valeur réelle de cet apport, si quelque récent explorateur remonte à la surface avec une interprétation nouvelle, n'oublions pas que pour se guider dans leurs recherches à travers des ruines sur lesquelles l'ombre et le silence des siècles s'appesantissent, les premiers investigateurs n'ont eu à leur disposition que les instruments imparfaits de l'humaine nature; la raison pour boussole et pour flambeau la lumière faible et vacillante de leur intelligence.

II

LA PERSE

Dans un très-remarquable ouvrage allemand, ayant pour titre : *Paganisme et Judaïsme*, auteur Dœllinger, voici ce qu'on lit :

« Le chien jouissait en Perse de la plus haute considération ; il était sous certains rapports égalé à l'homme, il lui était même préféré quelquefois.

« Ces honneurs étaient la récompense de l'ardeur avec laquelle il aide l'homme à combattre les *kavfesters* (tigres, *aria*[1]) et veille sur *le troupeau*, enfin, de la ressemblance qu'a sa manière de vivre avec celle du prêtre[2].

[1] Chat féroce.
[2] *Zend avesta*, t. II, p. 102.

« Le prêtre (athrava) sera bienveillant ; il se contentera de tout comme le chien ; et éloignera comme lui tous ceux qui pourraient souiller le temple[1].

« Nourrir mal un chien, était un crime que l'on devait expier sous le bâton.

« Qui bat un chien mourra misérablement[2] ! »

Le premier sentiment que l'on éprouve à cette lecture, c'est la surprise ; mais lorsqu'on réfléchit qu'on a sous les yeux la législation du peuple réputé le plus sage, le plus éclairé de ces âges lointains, celui chez lequel les autres nations, la Grèce, la grande Grèce elle-même, allaient chercher les lumières de la civilisation la plus avancée, alors on s'incline devant cette noble simplicité qui porte tout un peuple à se proclamer l'obligé d'un modeste quadrupède, et qui mesure le témoignage de sa reconnaissance à l'importance du bienfait.

La Perse n'oublie pas que des rangs de ses aïeux sont sortis les premiers pasteurs, le premier de tous peut-être ; elle sait la large part que le chien a prise à l'œuvre du troupeau, source première de ses prospérités ; ce ne sont donc pas uniquement de récents services que la Perse veut

[1] *Zend avesta*, t. II, p. 219.
[2] *Ibid.*, t. II, p. 102.

reconnaître ; la Perse, riche et florissante, se souvient, et elle tient à honneur d'acquitter envers le chien les dettes contractées jadis par la Perse pauvre et naissante.

III

LA CHINE

Ah! le Céleste-Empire n'est pas le paradis des chiens!

Ici, d'ailleurs, rien qui rappelle les usages de la Perse, de la Grèce et de tout autre pays civilisé. Le Chinois, nous dit-on, a devancé tous les peuples dans les sciences, dans les arts, dans la morale[1]; et, chose singulière, ni dans ses lois, ni dans ses sciences, ni dans ses arts, ni dans sa morale, il n'a pris pour règle aucun des principes adoptés par les autres nations! Dieu, sans doute, demande à ces créatures qui nous semblent bizarres, des vertus qui ne sont pas les nôtres; mais c'est surtout dans ses audaces culinaires que le Chinois

Confucius, né vers l'année 551 avant Jésus-Christ.

dépasse et déconcerte les imaginations les plus hasardeuses. Le chien n'est plus en ce pays la sentinelle du foyer, le gardien du troupeau, le compagnon du chasseur, l'ami débonnaire et patient de l'enfance; il ne lui est plus donné de se grandir jusqu'au dévouement, de disputer son maître à la fureur des flots, au poignard des assassins; non! Le Chinois ne lui demande rien de plus qu'au pourceau..... le tribut de la chair! Son courage, son intelligence, son dévouement, son zèle ne sauraient le sauver d'un ignoble trépas et vont avec son sang se mêler à d'horribles apprêts!

IV

L'EMPIRE DU CROISSANT

CHIENS DE CHRÉTIENS!

Formule de politesse internationale à l'usage du vrai croyant.

Laissons passer sur nos têtes la part qui nous est destinée dans cette expression d'un double mépris, et bornons-nous à rechercher pourquoi le titre de chien est devenu l'outrage le plus flétrissant que puisse nous lancer la haine musulmane. C'est que l'insouciance musulmane n'a su tirer parti d'aucune des qualités utiles ou brillantes du chien[1]; et que, par un complet abandon, le généreux animal s'est vu contraint à dé-

[1] Le vice-roi d'Égypte fait venir de France ses chiens de chasse.

choir et à s'avilir dans le plus humiliant des emplois.

Laissées à elles-mêmes, sans maîtres, sans nourriture, sans abri, des bandes de chiens nombreuses se tiennent campées pendant le jour hors des murs des villes d'Orient ; la nuit vient, et alors ces hordes affamées se précipitent dans les rues et les débarrassent de toute la partie fungible qu'y accumule l'opulente malpropreté des habitants ; tâche utile, comme toujours, mais indigne !

Eh bien ! l'intelligence musulmane n'a rien su organiser de mieux pour le service de la voirie !

Ah ! ce n'est pas sur vous, pauvres chiens méconnus, que retombe l'ignominie ! Mais qu'attendre d'un peuple qui. . . . .

Laissons là ces barbares et passons en Grèce.

V

LA GRÈCE ANCIENNE

Les Grecs semblent représenter, dans l'âge humanitaire, l'époque brillante de la jeunesse. Doués d'une imagination vive et féconde, servis par un sentiment exquis du beau, ils nous ont laissé, dans le domaine de l'intelligence pure, des œuvres qui n'ont point été dépassées et ne le seront probablement jamais.

Mais s'ils ont eu les qualités de la jeunesse, ils en ont eu aussi les faiblesses et les défauts. Insouciants et crédules, ils prêtaient aux récits de la fable une oreille complaisante, sans lui demander compte de ses informations.

Amis du bruit et de la lumière, il fallait à leur génie l'éclat et la pompe des spectacles, le tumulte des fêtes, les applaudissements, les acclamations de la foule. Or ces qualités mêmes, ces défauts, ces faiblesses de leur esprit les rendaient impropres aux labeurs obscurs, aux observations patientes, silencieuses, obstinées, où l'imagination n'a rien à faire ni à voir. Aussi, de toutes les œuvres de la nature, la seule qui leur ait paru digne de leur attention, c'est l'homme. Mais ce sujet-là, ils l'ont traité magistralement, sous toutes ses faces; leurs philosophes ont scruté la nature intime de l'homme, son âme, ses passions; leur grande épopée a retracé la vie des camps, les luttes guerrières auxquelles prennent part les dieux, animés, eux aussi, de toutes les passions de la terre; la tragédie fait comparaître devant le peuple assemblé l'ombre des criminels illustres, que ni la pourpre ni le sceptre ne sauraient mettre à l'abri de la justice céleste; la comédie livre aux huées des spectateurs les ridicules et les vices humains; la sculpture porte si haut la perfection des formes humaines, que l'univers étonné s'incline devant les êtres qu'elle fait sortir du marbre, saluant en eux les types les plus accomplis d'une grâce et d'une majesté olympiennes.

Toujours l'homme, et rien que l'homme, mais tout ce qui se rattache aux phénomènes de la nature ou à ses œuvres inférieures à l'homme, demeure abandonné aux interprétations de l'ignorance et de la fantaisie.

Et il en sera ainsi pendant de longs siècles, et chez des peuples qui ne sauront pas, comme les Grecs, racheter leur ignorance par des chefs-d'œuvre de goût et d'imagination.

N'espérons donc pas rencontrer dans l'ancienne Grèce des documents sérieux sur l'histoire du chien ; Aristote lui-même nous répondrait qu'elle n'en a point possédé.

VI

ARISTOTE

Pour satisfaire au désir d'Alexandre, Aristote réunit en un corps les ouvrages qui avaient été publiés jusqu'à lui sur l'histoire des animaux. C'est le traité le plus complet qui, de ces temps reculés, nous soit parvenu sur la matière.

Ce n'est pas dans les documents recueillis par Aristote qu'il faut chercher le mérite de cette œuvre; il est tout entier dans les annotations critiques de l'illustre philosophe. Nulle part son génie ne se montre avec plus de grandeur.

Au milieu des ténèbres qui l'environnent et dérobent aux esprits tout ce côté de la science, seul il pénètre les secrets de la nature, en discerne les lois et les retrace d'une main sûre! Ainsi, pour

4

rentrer dans le sujet qui m'occupe, voici ce que je lis à l'article Chien[1] :

« *On dit* que les chiens de l'Inde sont le produit de la lice et du tigre. »

Remarquez d'abord sous quelle formule restrictive Aristote a reproduit ces croyances : *ils disent*, *on prétend*[2].

On sent qu'il se tient à l'écart, et bientôt on n'en peut plus douter lorsque, prenant la parole à son tour, il expose les conditions qui lui semblent indispensables à la reproduction entre espèces différentes : « Rapports dans la taille, dans le régime alimentaire, dans l'époque de l'accouplement, dans la durée de la gestation. »

Protestation magistrale ! Voilà les règles de saine et lucide raison qu'Aristote oppose aux croyances naïves, aux affirmations téméraires de ses prédécesseurs et de ses contemporains. Mais, philosophe et non naturaliste, il se renferme dans l'étude des principes généraux et ne s'occupe pas du chien au point de vue spécial. Du moins, se dit-on, ce rayon de vérité ne sera pas perdu pour l'avenir, il éclairera la route à suivre et dirigera dans leurs recherches ceux qui viendront après Aristote. Hélas ! il en sera tout autrement ! Bien des siècles s'écouleront avant que la voix du grand

[1] Note sur l'édition et la pagination perdue.
[2] Traduction latine.

philosophe éveille un écho, avant que tombe une seule des erreurs qu'il signale et combat !

Quatre cents ans plus tard, Pline l'Ancien reproduit les fables de la Grèce : les chiens s'accouplent avec les phoques; les molosses sont le produit du tigre et de la lice; seulement Pline, avec sa crédulité accoutumée, accepte ces fables sans conteste et les cautionne de l'autorité de son nom.

L'historien Pollux, Grec d'origine, fait plus encore (364) ; il attache un caractère sérieux à cette fiction d'un poëte, sans doute inconnu aujourd'hui, qui faisait descendre les molosses et les chiens de Chaonie d'un chien fabriqué par Vulcain avec du bronze de monnaie (*ære monesio*[1]), lequel, *anima indita*, après l'avoir animé d'un souffle, fut donné par Vulcain à Jupiter, qui le donna à Europe, etc. Et la fable ne s'arrête pas en si beau chemin.

Conrad Gessner (1551) n'hésite pas à présenter le lion et la lice comme la souche du chien d'Arcadie; et encore : « Les chiens d'Actéon, poussés par la rage, traversèrent l'Euphrate et donnèrent naissance au chien de l'Inde. » Aldovrande, vers la même époque, ressasse les mêmes puérilités.

Où donc tous ces auteurs avaient-ils puisé leurs informations ? Aux mêmes sources qu'Aristote !

[1] Barbarisme qui a évidemment pour racine *moneta*, monnaie.

dans Nicander[1] particulièrement. Mais Aristote, condamné à lutter contre des erreurs, écarte tout d'abord les fables qui ne méritent pas l'honneur d'une réfutation.

Voilà pourquoi sans doute il n'en dit mot. C'est pour le même motif, assurément, qu'il ne parle pas de ce chien que, selon Pline, un roi d'Albanie aurait donné à Alexandre et qui mit en pièces un lion d'abord, puis un éléphant. La chose méritait bien d'être rapportée ; elle se fût passée sous les yeux d'Aristote, tout au moins n'eût-il pu l'ignorer ; s'il n'en dit rien, il est permis de la considérer comme apocryphe[2].

Tous ces matériaux peuvent fournir une page curieuse à l'histoire des erreurs humaines ; mais ils ne nous apprennent rien absolument sur l'histoire du chien ; on peut seulement en conclure qu'il fallait que le chien fût alors tenu dans une bien grande estime pour qu'on ne crût pas le louer assez dignement sans recourir à la fable.

N'est-on pas saisi de stupeur quand on voit de pareilles absurdités conserver leur crédit, non pas seulement parmi la classe illettrée,. mais parmi les auteurs en renom, jusqu'à l'époque où parut Linné (1707), c'est-à-dire pendant plus de deux mille ans après Aristote? Ah! que le bon

[1] Nicander de Calophon.

[2] Strabon, Plutarque, Salinus, répètent cette prétendue histoire après Pline.

Lafontaine connaissait bien toutes les bêtes du bon Dieu quand il disait :

> L'homme est de glace aux vérités,
> Il est de feu pour le mensonge.

Plus heureux qu'Aristote parce qu'ils s'adressent à des auditeurs mieux préparés, Bacon (1605 à 1627), Descartes (1617 à 1650) entraînent à leur suite les esprits dans une voie plus sensée.

Linné, de 1707 à 1778, appelant les sciences naturelles sur le terrain de l'observation, s'efforce de porter la lumière dans ce chaos. Il est combattu par Buffon (1707 à 1788), par Adanson (1727 à 1806), et c'est au premier qu'est réservé l'honneur d'introduire enfin l'ordre et la méthode dans la zoologie.

Dégagés par lui et par ses habiles collaborateurs de leur enveloppe légendaire, les animaux se montrent à nous tels qu'ils sont dans la réalité, sauf quelques erreurs ou inexactitudes inévitables dans une si vaste entreprise. Les voilà donc classés méthodiquement par groupes, par genres, par espèces, par familles, selon leur organisation physique. Mais leurs facultés impalpables, l'action, le rayonnement de l'instinct, le point où il s'arrête et où commence l'intelligence... Voilà ce qui échappe à la loupe et au scalpel.

Ainsi le chien de Buffon ne rappelle en rien le chien fantastique de Nicander, de Pline et d'Aldo-

4.

vrande; mais bientôt le chien de Cuvier n'est plus celui de Buffon. Buffon proclame le cheval la plus noble conquête de l'homme. Cuvier accorde cette place d'honneur au chien. Le premier donne la palme à la beauté, le second la donne à l'intelligence ; l'un juge en coloriste, l'autre en philosophe : Je suis pour le philosophe.

VII

ENCORE LA QUESTION D'ORIGINE

Quel fut le premier chien ?

Les naturalistes modernes ne sont pas plus d'accord sur ce point que ne le furent les anciens ; chacun présente son candidat et l'appuie avec cette ferveur que donne la conviction, car la conviction, la bonne foi sont le partage de tous les pionniers de la science ; mais, ô misère humaine ! de quel côté est la vérité ? Existe-t-elle dans aucun des systèmes en présence ? Celui-là seul qui a fait le gâteau sait où gît la fève ; ne peut-il pas, s'il lui plaît, la faire écheoir au plus humble des convives ?

Une école américaine professe que le chien a toujours existé avec toutes les variétés que nous voyons aujourd'hui. Il y a dans ce système un côté évidemment faux ; c'est-à-dire que chaque jour, par la sélection, l'homme obtient des variétés nouvelles. Linné, Buffon, Blainville, les deux Cuvier, considèrent le chien comme constituant une espèce propre, *sui generis*, le chien domestique, *canis familiaris*. Voilà une cause soutenue par de puissants patrons ! Mais quel fut le chien type, *canis primigenius ?* Buffon présente le chien de berger. Frédéric Cuvier réclame pour le dingo d'Australie.

Milne Edwards insiste pour le mâtin à large tête.

Toussenel plaide pour le lévrier fauve de Syrie, d'Algérie et d'Égypte.

A quoi bon, hélas ! discuter sur quelques centimètres de museau en plus ou en moins ?

Voici une autre thèse : on conteste au chien sa possession d'état !

Les uns le font dériver d'une espèce sauvage, aujourd'hui disparue, moitié chien, moitié ours ; c'est à cet animal sans doute que fait allusion M. Edgard Quinet dans sa nouvelle genèse, lorsqu'il dit : « J'aimerais à voir et à entendre l'ancêtre des chiens, l'amphixion, hurler au carrefour de la création des mammifères tertiaires[1]. »

Blumenbach, Gervais, Gibbel, lui donnent pour

[1] *Revue des Deux Mondes*, 15 novembre 1868, p. 307.

origine le croisement de plusieurs espèces voisines.

Chose étrange, écart inexpliqué, Darwin, qui pour chaque espèce n'admet qu'un type unique, et qui penche fort, à l'exemple de Lamark, vers l'unité de type, l'universalité des espèces, Darwin à l'égard du chien seulement suppose le croisement d'espèces diverses !

Cardan, Zimmerman, Hunter, disent au chien : « Tu n'es qu'un loup déguisé. » Erreur manifeste ; la louve porte de 105 à 110 jours ; la chienne, de 63 à 65 seulement. Du fond de la Germanie s'élève une autre rumeur. Guldenstadt, Pallas, Telésius, Erenberg, Humprich, s'écrient : « Le chien n'est rien de plus qu'un chacal converti. » Querelle d'Allemands jusque-là ; mais voici que deux notabilités françaises, Geoffroy-Saint-Hilaire et M. de Quatrefages, prennent rang dans cette croisade ; ou, pour être plus exact, Geoffroy-Saint-Hilaire laisse passer ; non qu'il semble bien convaincu, mais parce qu'il ne sait trop ce qu'on peut opposer à cette opinion.

M. de Quatrefages s'y rallie sans réserve : « La science, dit-il, aujourd'hui proclame la fraternité du chien et du chacal ; le *canis aureus* ou *mesomelas* [1] est la souche du *canis familiaris*. Et du haut de la chaire, l'éminent professeur présente en fais-

[1] Chacal ordinaire et chacal gris.

ceau tous les arguments qui peuvent faire passer ses convictions dans l'esprit de ses auditeurs.

On conçoit que le chien proteste contre toutes ces attaques dirigées contre sa possession d'état; le chien de Tobie, celui des anciens Perses, montrent avec orgueil leur nom typique inscrit en toutes lettres aux archives les plus anciennes de l'humanité.

Le chien des Perses appelle les regards de ses détracteurs sur des peintures murales qui depuis 4000 ans attestent la pureté de la race autogène par deux portraits de famille, le lévrier et le chien à museau court, oreilles tombantes.

Et nous aussi, nous protestons avec eux; le chien est notre hôte, notre allié, notre ami; il est notre client. Eh quoi! le plus intrépide des quadrupèdes, celui que les Grecs faisaient descendre du lion, parce que, sans en avoir la force irrésistible, il en a tout le courage, celui-là n'aurait dans les veines que le sang du plus lâche des rôdeurs nocturnes, le vil profanateur des tombeaux!

Pour nous courber sous cette humiliation, pour nous faire accepter cette souillure héréditaire, il nous faut autre chose que quelques traits d'analogie empruntés à la forme ou à la couleur; ce qu'il nous faut surtout, c'est une assimilation morale complète. C'est à cette condition seulement que nous reconnaîtrons l'unité de race entre chiens et chacals. Je me propose d'examiner ce système en détail.

VIII

PHILOSOPHES ET MORALISTES

Je choisirai dans cette catégorie quelques-uns de ceux qui, au point de vue purement métaphysique, ont traité des instincts et de l'intelligence, soit du chien, en particulier, soit des animaux en général.

Plutarque, historien et philosophe, parle avec admiration du chien d'un bateleur, qui dans un petit drame s'acquittait avec une merveilleuse intelligence d'un rôle extrêmement délicat et compliqué.

Montaigne fait ressortir la sagacité, la prudence avec laquelle agissent les animaux dans certaines circonstances difficiles ; il rappelle à ce sujet l'histoire du chien cité par Chrysippe.

Ce chien suit la piste de son maître jusqu'à un carrefour sur lequel s'ouvrent trois routes ; par laquelle des trois le maître a-t-il passé? Question embarrassante ! Le chien s'engage au hasard dans une première voie ; rien ne révèle à ses sens subtils que le maître ait passé de ce côté.

Il revient au carrefour et s'engage dans une seconde voie ; même insuccès. Plus de doute, il ne reste qu'une voie... c'est par là nécessairement que le maître a passé ; et sans hésiter le chien s'y précipite, assuré d'être sur la bonne piste. Évidemment ce chien a fait un triple raisonnement, il a successivement abandonné les deux premières hypothèses pour adopter la troisième, qui était la bonne.

Sans établir de distinction, comme on le fait aujourd'hui, entre l'instinct et l'intelligence, Plutarque et Montaigne font une très-large part à l'intelligence du chien. Le bon La Fontaine qui, dans de petits drames incomparables, fait agir et parler ses acteurs avec une logique qui nous charme et nous enchante, alors même qu'elle fronde nos défauts et nos vices, le bon La Fontaine proteste avec énergie, dans la fable : *les deux Rats et l'Œuf*, particulièrement contre l'opinion qui dénie aux animaux le pouvoir de la réflexion.

Cette protestation va droit à la théorie de Descartes, qui considère les animaux, même les plus parfaits, comme de véritables automates n'ayant aucune conscience des actes qu'ils accomplissent.

Mais tandis que La Fontaine s'inspirait d'une étude constante des hommes et des animaux, Descartes, au rebours, tournait le dos à la nature agissante, et dans la solitude du cabinet, bâtissait son système avec des arguments ; en prenant pour point de départ de sa thèse la raison, l'intelligence perfectible de l'homme, il se plaçait dès les premiers pas en dehors du cercle où il lui eût été possible de rencontrer l'intelligence des animaux.

Cette conclusion, pour être trop absolue, n'a pas rencontré beaucoup de partisans. Les derniers interprètes de la science s'expriment aujourd'hui en ces termes : « Les mammifères tels que le chien, le singe, l'éléphant, sont ceux chez lesquels l'intelligence intervient le plus visiblement dans les faits purement instinctifs [1]. »

« L'instinct est à peu près toute l'intelligence des animaux inférieurs ; l'intelligence, proprement dite, commence avec les animaux supérieurs ; la raison n'appartient qu'à l'homme [2]. »

[1] Alfred Maury.
[2] Flourens.

IX

LES CHASSEURS

Le travail des naturalistes embrasse une si vaste étendue de connaissances que l'on ne saurait s'étonner des divergences d'opinions qui les divisent, il faut des siècles d'observations contradictoires pour tirer au clair le fait le plus simple et le plus patent. Quant au pourquoi et au comment, notre planète aura cessé d'être, avant que deux opinions seulement se soient rencontrées dans un parfait accord sur le mot de l'énigme.

C'est pour cette raison que les philosophes, tout en ayant restreint le champ de leurs études à l'instinct et à l'intelligence des animaux, ne nous montrent pas plus d'homogénéité dans leurs jugements ; ils attaquent la question par son côté le plus ardu.

Pour rencontrer l'unité d'appréciation à l'égard du chien, c'est parmi la tribu des chasseurs qu'il faut se rendre. Les voyez-vous innombrables et pressés comme les épis de nos sillons ? Quelle variété de physionomies, de costumes, de langage ! Quelle diversité de races, de climats, de mœurs, d'éducation, de positions sociales, d'intelligence et de caractères individuels !

Eh bien ! c'est dans cette foule bigarrée, formée de toutes pièces, recrutée dans tous les âges, sur tous les points de la terre que nous allons rencontrer l'unité d'appréciations, l'unanimité des suffrages, en faveur du chien.

Pénétrons dans la hutte enfumée du braconnier ; approchons-nous de ces festins splendides qui succèdent aux ébats princiers d'une chasse à courre ; gravissons coteaux et montagnes, descendons dans les marais fangeux ; traversons les plaines fertiles ou les landes incultes ; partout où nous rencontrerons un chasseur, nous entendrons un éloge chaleureux et sympathique du chien. Est-ce entraînement, est-ce conviction ? Est-ce illusion, est-ce vérité ? Est-ce passion, est-ce justice ? Caprice éphémère ou sentiment durable ? Vous qui doutez, interrogez les vieux chasseurs.

LE VIEUX CHASSEUR

Le souffle des passions ne trouble plus le cœur du vieux chasseur. Le temps est venu railler ses enthousiasmes de jeunesse et briser d'un pied dédaigneux ses fausses idoles d'autrefois ! Et sur toutes ces ruines, sur ces cendres éteintes, que reste-t-il debout ? Une chose vivace, inaltérée.... une seule... l'affection réciproque du vieux chasseur et de son chien. Épreuve solennelle du temps, qui pourrait méconnaître la puissance de vos arrêts ?

Mais il ne faut pas supposer que cette opinion favorable au chien n'appartienne qu'à la masse des chasseurs obscurs et sans nom ! Nous la retrouvons chez les maîtres de la science, qui comptent dans leurs rangs des illustrations de plus d'un genre !

X

LES TRAITÉS DE CHASSE

Les traités de chasse ne sont pas des œuvres de jeunesse. La jeunesse vraiment a bien mieux à faire que de se rappeler et d'écrire ; n'a-t-elle pas pour elle l'Action trois fois bénie !!! Les traités sont l'œuvre des chasseurs au déclin ou pour toujours sortis de la carrière.

C'est alors, c'est à cet âge où pullulent les regrets, que le traité de chasse s'offre au vieil athlète attristé comme un cadre opportun, où il pourra, sous l'apparence de l'enseignement, rattacher et ourdir tout à l'aise la trame de son passé.

Là viendront se grouper des théories qu'il ira puiser aux sources de ses plus chères émotions. Sous le charme des souvenirs il revoit les sentiers

5.

tant de fois parcourus, où ses pieds, hélas ! ne le porteront plus !

Il sent passer sur son front le souffle rafraîchissant des brises matinales ; il assiste aux épisodes tantôt riants et parfois terribles qui marquent les fastes de sa vie cynégétique ; et dans ces pages émues à qui vont les éloges ? à qui l'auteur décerne-t-il le premier rôle? à qui la place d'honneur? à qui la gloire? Est-ce à lui-même? Est-ce au chasseur? Non, c'est à son chien !

Les plus parfaits de ces ouvrages sont ceux qui ont été écrits, moins en vue du public auquel ils s'adressent, qu'en vue de l'auteur lui-même, et du plaisir intime qu'il y a cherché.

Ouvrez ce petit volume, il a pour titre : *les Cynégétiques* (455 à 355 av. J.-C.) et pour auteur Xénophon, général philosophe et historien, l'illustre chef de la retraite des Dix mille.

Dans ces pages d'où s'exhale une fraîcheur toute juvénile, le grand capitaine se complaît à parler de ses chiens, Castorides et Alopécides ; des noms brefs et sonores qu'il convient de leur choisir; il nous donne la description de l'un d'eux, son Alopécides, laquelle se rapproche assez bien du lévrier bâtard. Il nous entretient du système de chasse alors en usage, qui consistait à tendre des toiles sur le passage présumé que devait prendre le lièvre poussé par les chiens. Il indique le costume que doit revêtir le chasseur.

550 ans plus tard, son arrière-neveu, Adrien, dit Xénophon le jeune, écrit à son tour sur le même sujet, et rempli d'une admiration qu'il veut nous faire partager pour son chien Hormen, il commence par railler irrévérencieusement les chiens de son oncle qui lui faisaient prendre bien peu de lièvres !

Ah ! neveux libertins, vos audaces ne datent pas d'hier !

« Si mon respectable oncle, dit-il, eût possédé un chien comme Hormen, il eût pris autant de lièvres qu'il en a manqué, ce qui n'est pas peu dire ; Hormen était très-doux, très-affectueux, très-intelligent, rapide, infatigable, plein d'ardeur ! »

Fils de la Gaule, applaudissons : Hormen était un chien de la Ségusie, l'une des provinces de la Gaule lyonnaise !

Et nous tous chasseurs, quel que soit le pays qui nous ait vus naître, découvrons-nous au souvenir des deux Xénophon ! Deux descriptions de chiens, deux portraits, sans plus, nous sont légués par ces âges lointains ! A qui les devons-nous ? A deux chasseurs : aux deux Xénophon !

1380. *Le Miroir des déduits de la chasse.*

Voici l'œuvre du chasseur le plus brillant, le plus complet qui peut-être ait jamais existé, saint Hubert excepté toutefois : Gaston Phœbus.

Ce seigneur magnifique avait dans son château d'Orthez en Béarn, deux cents chevaux de selle et seize cents chiens de chasse[1].

Ce Titan débute par déclarer qu'en amour comme en guerre, il a rencontré ses maîtres, mais qu'en matière de chasse il n'en reconnaît point. L'humilité du premier aveu rend indulgent pour l'orgueil du second ; disons-nous d'ailleurs que nous avons là un écho de la rude franchise de ces temps. Nul n'a porté sur le chien un jugement plus glorificateur que Gaston Phœbus. « C'est bien, dit-il, la plus raisonnable et la plus cognoissante beste que Dieu fit oncques ; et si n'en oste homme ne aultre beste en moult de cas. »

Le « Mirouer des déduiz de la chasse des bestes sauvaiges et des oiseaux de proye, » est une mine féconde où plus d'un a été prendre à pleines mains sans nous raconter son voyage.

[1] *Froissart*, l. IV, chap. XXIII, édition de Dusset, t. III, p. 119.

XI

LA VÉNERIE DE JACQUES DU FOUILLOUX

Voici un auteur auquel, sans pruderie, je ne puis pardonner d'avoir glissé un traité de paillardise sous le couvert d'un traité de chasse. C'est en tout état de cause un vilain passe-temps que de convoquer un auditoire pour lui prêcher l'intempérance ; mais à des chasseurs, grand Dieu ! C'est leur verser le poison ! Il fera piètre figure sous le harnais de chasse, celui qui commencera par faire sauter bouchons et cornettes ; la tempérance, qui est pour tous une vertu, est, pour le chasseur, une vertu de premier ordre.

Mens sana in corpore sano ! Voilà sa devise. Et certes, les anciens et les modernes sont d'accord sur ce point, la chaste Déesse n'a jamais été invoquée comme la divinité protectrice des ribaudes et des ribauds, et saint Hubert détournerait sa face de l'impudent qui le convierait aux scandales de l'orgie.

Mais Du Fouilloux s'est moins préoccupé de la réprobation de saint Hubert que de l'approbation de son royal maître; et c'est pour égayer le taciturne et débauché Charles IX qu'il lui servit des historiettes grivoises assaisonnées du plus gros sel gaulois.

Beaucoup d'autres traités plus modernes complètent la série des éloges donnés au chien, ainsi *les Chasses et le Sport*, en Hongrie, E. Andrasy, traduit par Durringer, Pesth, 1857.

La *Vénerie française*, par C. Lecoulteux de Canteleu, Paris, 1858.

Nouvelle vénerie normande, par Lemanon, 1841.

Les ruses du braconnage mises à découvert par Labruyère, Paris, 1771, etc.

Ainsi, donc, les chasseurs de toutes les époques, de tous les pays, de tous les rangs, sont unanimes dans leur appréciation sympathique du chien. Cette unité dans le nombre, et malgré le nombre, suffirait à marquer d'un caractère recommandable de certitude le jugement des chasseurs; car, ainsi que le dit Boiste : « Il n'y a que l'évidence qui mène à l'unité des sentiments. »

Or, cette évidence existe pour les chasseurs jugeant leurs chiens sur des actes passés pour eux à l'état de vérités pratiques. Mais cette unité acquiert un caractère d'infaillibilité qui n'est plus contestable, lorsque l'on considère qu'elle émane des juges les plus compétents sur la matière. Qui connaît mieux le chien que le chasseur? qui l'a plus expérimenté? Est-ce le naturaliste? est-ce le philosophe?

XII

LES INGRATS SANS LE SAVOIR

Si l'élan de la reconnaissance se mesurait à l'importance des services reçus, les chasseurs ne paraitraient pas les premiers à la barre pour témoigner en faveur du chien ; ils seraient devancés par une classe nombreuse d'industriels, qui sont redevables au vaillant animal d'une part notable de leur fortune et de leur sécurité.

Les laboureurs!..... n'est-ce pas le chien qui veille sur leurs habitations solitaires? n'est-ce pas lui qui rend possible la formation et la police d'un troupeau nombreux? Et cependant quelle voix s'élève de la population agricole en faveur du chien? Comment sont accueillis ses services? comment, récompensés?

Il faut le reconnaître, le chien est moins apprécié dans les campagnes, moins soigné que le bœuf, le cheval, l'âne, le mouton, le pourceau ; pourquoi cela? parce qu'il représente une moindre somme d'argent que la plupart de ces animaux, et qu'il ne peut, comme eux, être immédiatement converti en espèces sonnantes sur le marché voisin. Mais, bien surpris, bien désappointés seraient tous ces faux calculateurs, si la race canine venait soudain à disparaître. Il faut donc reconnaître que c'est par les plaisirs qu'il procure, que le chien se crée des affections parmi les hommes; tandis que par les services qu'il rend, il ne réussit qu'à faire des ingrats.

C'est triste à dire, mais il en est ainsi. Je n'en rechercherai pas la cause, mon étude porte sur les qualités du chien et non sur les faiblesses humaines : je constate simplement un fait qui peut se traduire ainsi :

Tel esquive son bienfaiteur,
Qui s'affiche avec sa maîtresse.

XIII

POËTES ET ARTISTES

Les poëtes, les peintres, les statuaires, tous ceux enfin dont la fibre artistique s'émeut à la vue, au récit d'un trait de courage et de dévouement ; tous ceux-là sont les glorificateurs du chien. Ce sont des poëtes, assurément, qui, pour honorer la fidélité du chien, lui ont donné une place dans la constellation de Syrius. Ce sont des poëtes qui, voulant rendre hommage à sa vigilance, à son énergie lui ont confié la garde des enfers.

Ce fut un poëte aussi, celui qui, pour louer dignement le plus intelligent des animaux, fit sortir le chien des mains « du plus industrieux des dieux ; » et qui, pour caractériser sa vigueur persistante, infatigable, prétendit que Vulcain le tira d'un bloc d'airain!

Le chien d'Ulysse doit son immortalité au grand Homère! Le prince des poëtes nous dépeint le roi d'Ithaque, après vingt ans de courses aventureuses, se rappelant enfin, dans un jour de fatigue et d'ennui, qu'il a laissé quelque part un petit royaume et une chaste épouse; l'ingrat a complétement oublié son chien!

Oh! puissant Jupiter! de tout ceci que sera-t-il advenu?

Il pousse vers Ithaque, retrouve une épouse fidèle; de tous ses anciens serviteurs, seul, son vieux chien le reconnait et meurt de joie en léchant ses pieds!

Que le chien n'eût pas oublié son maître....., il n'y rien que d'ordinaire; que la femme soit restée fidèle, je n'aurai pas le mauvais goût d'en paraître surpris; mais je ne puis taire mon étonnement en voyant qu'Ulysse y ait gagné le titre de *Sage!*

XIV

LE SPECTACLE DE LA RUE

Descendons maintenant dans la rue et continuons notre enquête. Nous ne devons pas nous attendre à y rencontrer des appréciations plus homogènes que parmi les hommes de la science.

N'oublions pas que nous ne sommes plus dans le champ clos de l'investigation patiente, de la discussion courtoise et raisonnée; nous voici cette fois en face de véritables passions, les plus inconscientes, les plus mobiles, les plus tenaces, les plus soudaines, les plus implacables; comme aussi nous coudoierons les affections les plus profondes, les plus discrètes, les plus dignes de nos respects.

Nul être, en effet, à l'égal du chien, n'a suscité autant de sympathie, autant d'aversion, autant de confiance, autant d'effroi ; nul n'a été l'objet d'autant d'égards, d'autant d'insultes, d'autant de soins, d'autant d'abandon, d'autant de reconnaissance, d'autant d'ingratitude! Nul n'a rencontré dans les institutions humaines plus d'honneurs et plus de persécutions!

Mais il rencontre aussi, et trop souvent, hélas! des âmes blessées, des cœurs saignants, des liens brisés, des affections perdues, des âmes trahies, des fortunes renversées, des douleurs solitaires! C'est là qu'on l'appelle et qu'il va de préférence ; c'est pour ces affligés qu'il sait trouver ses plus douces caresses ; et il faut bien qu'il ait le secret d'adoucir les peines du cœur, car quelque exiguë, quelque insuffisante, quelque précaire que soit sa part de chaque jour, le plus pauvre, le plus dénué des misérables, plutôt que de se séparer de son chien, préfère partager avec lui, jusqu'à sa dernière heure!

Tels sont les caractères généraux de l'opinion populaire à l'égard du chien. Dois-je m'en tenir à cette indication sommaire et jeter un voile discret sur les scènes de la rue?

Pourquoi cette fausse pudeur? L'historien n'est pas comme le romancier, responsable des faits qu'il met en évidence ; il ne crée pas, il constate. Mais il est tenu de rester chaste et digne, alors même que les faits qu'il retrace ne le sont pas. La vérité n'exige rien de moins; l'exactitude n'exige rien de plus. Je ne m'écarterai pas de cette règle.

Reportons-nous à quelques années en arrière, alors que par une mesure préventive contre les chiens errants, l'édilité faisait répandre du poison dans nos villes ; rappelez-vous les scènes qui venaient offenser nos yeux !

Que de chiens, ô mon Dieu, faussement soupçonnés,
Socrates vertueux, sont morts empoisonnés!
. . . .
Quels spectacles d'ailleurs au milieu de nos villes!
. . . .
Écoutez ces clameurs et ce bruyant délire ;
C'est là que par votre ordre Iphigénie expire.
Autour d'elle rangés d'avides spectateurs
Répondent par leurs cris à ses vives douleurs,
De leur rire insultant suivent son agonie,
Et, s'excitant entre eux à cette ignominie,
Ajoutent à l'horreur de ses affreux tourments
L'horreur de leur outrage et leurs longs hurlements.
Mais je n'ai pas tout dit. . . . .
Alors que, sur la foi de nos gardiens fidèles,
Nous laissons le sommeil nous toucher de ses ailes,
De lâches assassins, armés de vos poisons,
Les répandent la nuit jusqu'au sein des maisons.
Le jour vient ! O douleur ! la famille éplorée
Voit qu'on a violé son enceinte sacrée !
Azor, Azor est là tristement étendu ;
A l'appel de son maître il n'a pas répondu ;
Il est mort [1].

[1] Humble requête des chiens d'Orléans contre les boulettes municipales, présentée par l'auteur de cette étude, 20 août 1843.

Dieu merci ! le temps des boulettes est passé ; l'édilité n'en fait plus ; la fourrière remplace avantageusement des scènes indignes d'un peuple civilisé.

N'allez pas cependant dépouiller toute prudence ; réprimez sans faiblir l'ardeur indiscrète qui pousse votre chien à rechercher les distractions de la rue ; mille dangers l'y attendent ! N'oubliez pas qu'un bien petit nombre d'heures, rapides comme l'aile de l'oiseau, séparent la fourrière du charnier de l'équarrisseur !

Donnez un jour ou deux, afin que chaque maître,
S'il aime encor son chien, aille le reconnaître,
Et si quelque captif reste alors sans secours,
Je détourne les yeux, disposez de ses jours !

Je n'osais demander plus, et l'édilité ne m'a pas accordé beaucoup plus : trois jours !

Redoutez donc pour votre chien le collet du voyou, le couteau du boucher, la roue de l'automédon insouciant ou cruel ; la casserole du féroce gamin. Vous l'avez vu, sans doute, accourir éperdu, hors d'haleine, ce pauvre chien qui emporte, attaché à sa queue, l'instrument de son supplice : un objet sans nom, sans forme, sans couleur, une chose rebondissante, retentissante ; cette chose fut une casserole !

Une troupe endiablée d'enfants poursuit la victime sans trêve ni merci, la harcèle de ses clameurs :

Cet âge est sans pitié !

Pauvre, pauvre chien! où fuir, où se cacher! il en mourra d'effroi ou de rage!

Apprenez à votre chien qu'il est bon d'éviter la canne du petit rentier, gardien vigilant de son elbeuf immaculé. Rappelez-lui à l'occasion ce qu'un chien bien appris ne doit pas ignorer... les règles du jeu de quilles converti en proverbe, article premier.....

Laissons passer, non sans lui donner notre aumône, ce vieil aveugle conduit par son chien. Voyez avec quelle adresse inquiète le bon petit serviteur dirige son maître à travers les embarras menaçants de la foule et des voitures! Ce sont eux que vous voyez chaque jour près des marches de Saint-Sulpice, immobiles comme un groupe de la résignation. L'homme n'a qu'une pensée, n'envie qu'une chose... l'obole de la charité. Mais le chien! que de désirs sollicités et contenus! que d'élans importuns réprimés!

Voici tous les chiens du voisinage qui viennent, à l'heure accoutumée, se livrer sur la place à leurs joyeux ébats; ils luttent entre eux, ils se poursuivent, ils se culbutent; quelques-uns s'approchent du pauvre patient, flairent d'un air narquois son museau armé de la sébille solliciteuse, et repartent gais et rapides vers leurs compagnons.

« Heureux du siècle, » soupire tout bas le factionnaire fidèle.

Voyez le bruyant loulou, qui passe emporté par la messagerie rapide, juché sur la bâche; il tourne, il vire, il s'agite et jette aux passants ses hargneux aboiements.

« *O felices nimium!* » se dit l'esclave du devoir.

Puis, c'est le boule-dogue, au masque hideux, qui galope et disparaît au détour de la rue sous la voiture retentissante du boucher; voilà maintenant le pesant terre-neuvien qui, marchant sur les pas de son maître sans rompre d'une semelle, l'effleure en passant de sa toison floconneuse; arrive à son tour la levrette héraldique; sur son manteau de fine étoffe brillent les armoiries de sa noble maîtresse; ses ongles délicats, habitués aux tapis moelleux des salons, paraissent souffrir au contact de ces grossiers et rudes pavés. Un instant, comme surprise, elle suspend sa marche, considère, attentive, l'impassible gardien, puis, détournant dédaigneusement la tête, elle reprend son allure cadencée. Ah! doux et tendre sentiment de la fraternité, n'est-ce pas l'homme qui, par ses exemples pervers, apprend chaque jour au chien à te repousser de son cœur? Mais la noble comtesse a promptement calmé la blessure faite par cet orgueilleux mépris; de sa main finement gantée s'échappe une petite pièce blanche qui tombe dans la sébille avec un bruit argentin; et le martyr de la fidélité la remercie par un regard où l'on ne lit rien de plus que la douceur et la mansuétude.

On rencontre de par le monde des détracteurs du chien ; ils forment diverses catégories.

Les uns, esprits pusillanimes, ne peuvent, à l'approche d'un chien, réprimer un sentiment d'effroi ; ils ne voient en lui que le propagateur redoutable du virus rabique ; toutes les qualités de l'utile animal disparaissent devant cette tache originelle. C'est un ébranlement nerveux contre lequel la raison est impuissante, mais que l'on cherche toujours à dissimuler sous un prétexte quelconque.

Respect aux faibles !

D'autres croient faire acte de fine plaisanterie en émettant des propositions comme celle-ci : « Quel est le meilleur ami de l'homme? Est-ce le chien? est-ce le lézard? Prononcez-vous, cœurs sensibles ! »

Ils ignorent, ces obscurs facétieux, que leur maître à tous, le Jupiter railleur, le sarcastique Voltaire, si âpre à toute renommée, a décerné au chien le titre d'*ami de l'homme* et le lui a maintenu [1]. Ceux-ci ne sont que ridicules.

Mais il en est aussi qui, sous le masque d'une

[1] Il semble que la nature ait donné le chien à l'homme pour sa défense et pour son plaisir; c'est de tous les animaux le plus fidèle ami ; c'est *le meilleur ami que puisse avoir l'homme*. (*Dictionnaire philosophique*)

inquiète philanthropie, font appel aux passions de la rue et provoquent une Saint-Barthélemy générale de l'espèce canine.

« Ils mangent la part du peuple ! ils affament le peuple ! ils font monter le prix des denrées Plus de chiens ! Mort aux chiens ! »

« Eh quoi ! leur dirait Toussenel, vous voulez donc nous supprimer la côtelette et le paletot? » Et moi je soupçonne quelque machination traîtresse, quelque coupable ruse industrielle; ces zélés philanthropes ne seraient peut-être pas fâchés de me revendre mon chien sous forme d'un engrais quelconque; il doit y avoir du noir animal en perspective. La race de ces calomniateurs n'est pas moderne, nous la retrouvons dans le passé. Les oies du Capitole, jalouses de la considération accordée au chien, résolurent de l'en déposséder. Elles l'accusèrent hautement d'avoir manqué de vigilance et s'attribuèrent l'honneur d'avoir sauvé la citadelle en dénonçant l'approche de l'ennemi. Le complot réussit; les chiens furent conspués, chassés honteusement de leur poste d'honneur, et les oies, acclamées avec enthousiasme, se virent élevées sur le pavois ! Triomphe d'un jour ! L'orgueil perdit incontinent ces étroites cervelles ! Le lendemain, il ne leur suffisait plus d'avoir donné l'éveil, les plus sottes se vantèrent d'avoir repoussé l'ennemi. Or, cet ennemi, c'étaient les Gaulois, dont les poitrines nues venaient affronter les armes romaines jusqu'au pied des murs du Capitole !

Le ridicule en fit prompte justice ; du haut de leur gloire éphémère, elles retombèrent piteusement sous le couteau flétrissant du cuisinier, et leurs os furent jetés en pâture aux chiens qu'elles avaient tenté de perdre par leurs calomnies.

Loin de moi la pensée d'appeler la même réparation sur les ambitieux modernes qui mêlent aujourd'hui leur voix perfide à celle de ces coupables oiseaux ! Il me suffit de les avoir stigmatisés par un trait-d'union historique.

XV

RÉSUMÉ DE L'ENQUÊTE

On peut tirer plusieurs conclusions de cette enquête.

La première nation qui, dans l'ordre chronologique, porte témoignage sur le chien, c'est la Perse. Issue d'un peuple de bergers et de laboureurs, elle paye un large tribut de reconnaissance au chien pour la part qu'il a prise à la fondation de sa haute fortune, en veillant sur le troupeau. Voilà du premier coup le chien glorieusement signalé à l'estime des hommes.

Assurément l'illustre Cuvier s'inspirait des dispositions du *Zend-Avesta*, lorsqu'il écrivait : « La « vitesse, la force et l'odorat du chien en ont fait « pour l'homme un allié puissant contre les autres

« animaux, *et étaient peut-être nécessaires à l'éta-*
« *blissement de la société.* »

Et s'il exprimait son opinion sous la forme du doute, ce n'était certainement pas en vue de la Perse, mais en vue d'autres nations dont l'origine n'est point connue et qui semblent être arrivées à la civilisation par d'autres moyens que l'alliance du chien et les ressources du troupeau, la Chine par exemple. Nous cependant qui, à l'instar de la Perse, confions au chien la garde du troupeau, sans préjudice de celle de nos personnes et de nos demeures, comment se fait-il que nous laissions le modeste animal tomber dans un tel discrédit? Certainement, à son égard, l'esprit public est aujourd'hui plus rapproché du mépris musulman que de la reconnaissance de la Perse; le langage populaire en fait foi : « Il m'a reçu comme un chien; il fait un temps à ne pas mettre un chien dehors; cet homme est un mauvais chien; il l'a battu comme un chien. »

Est-ce donc que le chien ait démérité? Non vraiment! Nous sommes chaque jour témoins de son zèle et de sa vigilance, de son intelligence, de son dévouement!

Que conclure donc? le voici : du sein de la civilisation même à l'établissement de laquelle le chien a concouru, surgissent incessamment des intérêts nouveaux qui détournent l'attention des services qu'il nous rend. Il y a plus encore, les services rendus par le chien sont tombés dans le domaine des faits acquis ; l'habitude de les recevoir nous a donné celle de les considérer comme chose toute naturelle et qui nous est due, et nous ne nous en préoccupons pas plus que de l'eau qui coule.

Après la Perse, vient la Grèce, qui, suivant ses penchants artistiques, se laisse prendre aux qualités brillantes de l'animal, son intelligence et surtout son courage. La Grèce ne peut les expliquer que par une origine fantastique ; les chiens s'allient aux lions et aux tigres. Et pendant deux mille ans les mêmes fables sont répétées par les esprits les plus sérieux de ces époques. Enfin, à partir de Linné (1778), l'étude de la nature s'engage dans une voie sensée : l'observation, l'étude comparative. Les Buffon, les Daubenton, les deux Cuvier, les Geoffroy Saint-Hilaire et ceux qui les ont suivis, nous donnent une histoire aussi vraie que possible des animaux et du chien en particulier.

Mais tous les portraits qu'ont tracés de leur modèle les admirateurs du chien, ont chacun leur physionomie particulière. Ceux des premières époques accusent l'ignorance et la naïveté de leurs auteurs par des signes et des contours exagérés, hors nature ; ceux des temps modernes, pour être consciencieusement étudiés et habilement traités, n'en diffèrent pas moins entre eux par des côtés fort sensibles.

Quelle conclusion tirer de cette diversité d'aperçus, si ce n'est qu'elle est la preuve la plus incontestable de la diversité des qualités du chien, partant de la richesse de son organisation? Que conclure encore de ce conflit de sentiments, d'appréciations qui se croisent, qui se heurtent sur la tête du chien, si ce n'est qu'il prouve sa puissante organisation? Car enfin, la passion reste froide, dédaigneuse en face de la nullité, du médiocre, du trivial; jamais on ne s'éprendra d'affection ou de haine pour le stupide mouton. De tout ceci il ressort évidemment que, sur un grand nombre de points, l'histoire du chien est encore en litige. — *Sub judice lis est.*

Il n'y a donc rien d'étonnant à ce qu'un inconnu vienne jeter dans la discussion quelques considérations qui n'ont été soulevées par aucun de ses devanciers. C'est une certitude que j'ai acquise en me livrant à l'enquête qui précède; mais si je n'ai pas rencontré mon Sosie dans cette foule nombreuse, j'ai eu la satisfaction sans mélange de me trouver en communauté d'opinion sur plusieurs points importants avec l'illustre Cuvier et l'ingénieux et clairvoyant Toussenel.

Rassuré désormais par ce haut patronage sur la valeur de mes prémisses, je n'aurais plus à concevoir d'inquiétudes que pour les conséquences que j'en ai tirées; mais encore pourquoi ne livrerais-je pas avec confiance au lecteur le résultat de convictions lentement acquises et justifiées par une discussion sérieuse?

Je sais qu'il existe de par le monde des esprits chagrins et jaloux qui, ne sachant employer la pierre à édifier, s'en servent pour assaillir et insulter ceux qui édifient : je prie Dieu de les écarter de mon chemin.

XVI

EXAMEN DE QUELQUES QUESTIONS SOULEVÉES PAR L'ENQUÊTE

LE CHEVAL ET LE CHIEN — DEUX PORTRAITS DE MAITRES

Buffon, dépeignant le cheval, débute ainsi :

« La plus noble conquête que l'homme ait ja-
« mais faite, est celle de ce fier et fougueux ani-
« mal qui partage avec lui les fatigues de la guerre
« *et la gloire des combats*. Aussi intrépide que son
« maître, le cheval *voit le péril et l'affronte ;* il se
« fait au bruit des armes, il l'aime, il le cherche
« et s'anime de la même ardeur. Il partage aussi
« ses plaisirs : à la chasse, aux tournois, à la
« course, il brille, il étincelle. »

G. Cuvier, jugeant à son tour les animaux domestiques, s'exprime en ces termes :

« Le chien est la conquête *la plus complète*,

« *la plus singulière, la plus utile* que l'homme ait « faite. »

« Toute l'espèce est devenue notre propriété ; « chaque individu *est tout à son maître; prend ses* « *mœurs, connaît et défend son bien, lui reste attaché* « *jusqu'à sa mort*, et tout cela ne vient ni du be- « soin ni de la contrainte, mais uniquement de la « reconnaissance et d'une véritable amitié. La vi- « tesse, la force, l'odorat du chien en ont fait pour « l'homme *un allié puissant, et étaient peut-être* « *nécessaires à l'établissement des sociétés.* »

Ainsi Buffon donne la place d'honneur au cheval, parmi les animaux domestiques, comme étant la plus noble conquête ; Cuvier restitue cette place au chien, comme étant la conquête *la plus complète, la plus singulière, la plus utile;* et l'on ne peut nier que toutes ces expressions soulignées soient pleinement justifiées par les qualités *singulières* signalées par Cuvier dans sa trop courte notice[1], et que le chien déploie incessamment sous nos yeux dans ses rapports avec l'homme.

Voyons maintenant si les éloges décernés par Buffon à la bravoure du cheval, l'ont été dans une juste mesure, et si l'on ne pourrait pas avec un

[1] Trop courte notice, ai-je dit ; ne semble-t-il pas en effet que dans cette rapide esquisse, où tant d'horizons nouveaux sont indiqués seulement par un point magistral, l'illustre philosophe ait posé de simples jalons, de simples repères pour un travail qu'il se proposait de compléter plus tard, et dont il aura été détourné par d'autres études?

certain avantage opposer aux états de service militaire du brillant coursier, ceux du chien, le plus modeste mais non le moins brave des fantassins.

Je ne prétends pas nier que la voix des clairons, le tumulte des armes, excitent l'ardeur du cheval ; il lui suffirait pour cela de la vue et du bruit cadencé de l'escadron qui galope autour de lui.

Mais avant de le déclarer *aussi intrépide* que son maître, de reconnaître qu'il voit le péril, qu'il *le cherche*, *qu'il l'affronte;* avant de l'admettre à partager *la gloire* du guerrier, je voudrais le soumettre à une épreuve : que le cavalier cesse de le porter en avant à l'aide du mors et de l'éperon; qu'il mette pied à terre, et que lui montrant les phalanges adverses, il lui dise : « Tu vois l'ennemi ; va, cours-lui sus, et comporte-toi vaillamment. »

Inutile harangue, le noble coursier ne comprendra pas ce langage. Eh bien! le chien le comprendra, lui ; il se laisse enrégimenter, discipliner, mener au combat ; cette intrépidité qu'il déployait hier contre les grands carnassiers, contre les rôdeurs nocturnes, il est tout prêt à la déployer aujourd'hui contre des hommes qui ont un autre drapeau que le maître ; le maître l'ordonne... il suffit ; et frémissant d'impatience, il attend le signal pour se précipiter, poitrine nue, sur le fer de l'ennemi, pour le harceler, pour le déchirer, le rompre et chercher dans l'accomplissement du devoir la victoire ou la mort[1].

Poussons plus loin le parallèle : mettons hors de cause la grâce, la fierté, qui sont l'apanage incontestable du cheval, et réduisons la question entre le chien et lui, au point de vue des services utiles. Sous ce rapport que peut-on demander au cheval ? La force musculaire qui se traduit par la traction ou par la vitesse ; hors de là, rien.

N'est-il donc pas évident que soit dans l'ordre des forces naturelles, soit dans l'ordre des forces artificielles, nous rencontrerons des résultats équivalents? Le cheval peut donc disparaitre, considéré comme force dynamique ; c'est une machine que nous pouvons remplacer par une machine analogue, voire même plus puissante.

Mais supposez que le chien vienne à disparaître, vous ne pourrez remplacer son intelligence, son zèle, sa surveillance, son dévouement, ni par une machine ni par un analogue choisi dans la classe des animaux ; jusqu'ici le chien n'a pas eu d'imitateurs parmi eux, et jamais il ne s'en présentera.

[1] Ces exemples sont communs dans l'histoire ; les rois de l'Inde menaient, sur le front de leurs armées, des chiens qui engageaient le combat. Les Gaulois en usèrent quelquefois de même contre les Romains. A la bataille de Morat, où l'armée de Charles le Téméraire fut taillée en pièces par les Suisses (1476), des lévriers, du côté des Bourguignons, des dogues, du côté des Suisses, engagèrent la mêlée.

Je poserai donc trois questions seulement, auxquelles je défie de trouver une réponse qui ne soit entièrement concluante en faveur du chien. Combien faudrait-il de serviteurs pour remplir auprès du troupeau l'office de deux bons chiens de berger? Le feront-ils aussi bien? Le feront-ils au même prix?

Je n'insisterai pas sur la question de chasse ; chacun comprend qu'ici tout l'honneur, toute la gloire reviennent au chien ; c'est lui qui engage l'action, qui la conduit, qui la dénoue ; à lui le premier rôle. Le cheval ne *brille* et n'*étincelle* dans le drame que comme comparse, au second rang.

J'ai dit au début de cette étude que la préférence accordée au cheval, par Buffon, me semblait dictée par un entraînement artistique ; je crois avoir justifié cette allégation par le parallèle qui précède. Je ne puis nier cependant que l'opinion de Buffon réunisse un nombre considérable de partisans, tandis que celle de Cuvier est à peine connue en dehors du monde savant. D'où vient cela? à mon sens la réponse est facile.

Voici en présence deux hommes d'un génie à peu près égal ; ils se livrent à des études analogues, souvent identiques, mais leur mise en œuvre est différente.

Le genre descriptif de l'un (Buffon), son style imagé, brillant, les vastes galeries d'animaux vivants contemporains qu'il ouvre dans ses pages, doivent avoir incontestablement plus de prise sur l'esprit des masses, que les dissertations philosophiques et rétrospectives de l'autre (G. Cuvier). La spéculation, trop habile pour se tromper sur cette situation, s'est chargée de populariser celle de ces deux gloires dont l'exploitation lui promettrait les meilleurs résultats financiers. De nouvelles éditions des œuvres de Buffon ont surgi, parées de toutes les séductions du burin et du pinceau ; un immense retentissement leur a été donné par les mille voix de la publicité. Les commis de librairie nous les ont présentées à domicile, et nous aimons assez, gens de province, qu'on nous apporte ainsi la nourriture intellectuelle, sans que nous ayons besoin d'aller à sa recherche.

Le résultat de tout ceci a été complet ; il n'y a pas aujourd'hui de simple bachelier ès lettres emménagé, qui n'étale sur les premiers rayons de sa bibliothèque, à côté de Voltaire, Rousseau, à côté de Rousseau, Buffon ! Gloire légitime, assurément, mais qui n'établit aucune prééminence sur celle moins populaire du grand naturaliste philosophe, Cuvier !

DEUXIÈME PARTIE

L'HOMME ET LES ANIMAUX

LA GUERRE — LA CONQUÊTE — L'ALLIANCE

I

PREMIER GROUPE — LA GUERRE

Les animaux, considérés dans leurs rapports avec l'homme, se présentent divisés en trois groupes.

Dans le premier, le plus nombreux, sont les insoumis.

Parmi ceux-ci, les plus timides fuient à l'approche de l'homme ; les mieux armés l'affrontent, ou soutiennent ses attaques ; quelques-uns, enhardis par leur petitesse même, le bravent jusque dans sa demeure. Tous lui disputent le fruit de ses labeurs ; les carnassiers se ruent sur son troupeau ; les oiseaux du ciel s'abattent sur ses moissons ; les rongeurs s'engraissent de son grain. Entre ce groupe et l'homme, la guerre, la guerre à outrance, voilà l'état permanent.

Cependant, ce ne sont pas là des ennemis de l'homme que pousse un sentiment de haine ou un sauvage désir de rapine et de destruction. Non ! ce sont des compétiteurs auxquels l'homme conteste le droit de vivre sur un sol qu'ils ont possédé avant lui. Ce n'est pas contre eux qu'il édicte des lois, qu'il crée des juges, qu'il paye des geôliers, des archers, des bourreaux ; qu'il fait marcher d'innombrables armées, qu'il équipe à grands frais des flottes meurtrières.

Ah ! c'est de ce côté que sont les véritables ennemis de l'homme, mille fois plus nombreux, mille fois plus redoutables que les plus farouches carnassiers !

Mais ceux-là appartiennent à une catégorie dont je n'ai pas à m'occuper.

II

DEUXIÈME GROUPE — LA CONQUÊTE

Le second groupe se compose de quelques espèces empruntées aux races indépendantes.

De par le droit de conquête, l'homme s'est arrogé sur elles une domination absolue ; il règne et gouverne en vertu du bon plaisir.

Ce sont là ses sujets, ses esclaves, sa chose ; il n'en doit compte à qui que ce soit sur cette terre, et en dispose au gré de ses besoins et de ses caprices.

Il demande aux uns leur force ou leur vitesse, il prend aux autres leur propre substance pour se nourrir ou se vêtir. Mais ces rapports, créés par la violence, ne peuvent se maintenir que par la violence et la contrainte.

Parcourez ces cénacles et voyez : le fier coursier, comme l'humble baudet, la génisse paisible aussi bien que le taureau farouche, tous sont enchaînés aux heures du repos ; et quand l'heure du travail a sonné, les chaînes tombent, mais pour faire place à l'étreinte du joug ou du collier pesant ; le mors tourmente la bouche, le fouet ou l'aiguillon labourent le flanc, pour en faire jaillir l'effort à regret accordé. Toujours et partout la violence et la contrainte[1].

Sont-ce là des alliés? Non; ce sont là des esclaves !

LA BREBIS

Dans un cénacle à dessein trop étroit[2], la brebis, haletante au milieu de ses compagnes entassées, implore en gémissant un peu d'air et d'espace.

La brebis est plus qu'une conquête de l'homme, c'est une création de son industrie ; il en a tellement travaillé la charpente, repétri la chair, qu'on n'y retrouve plus rien qui rappelle le type primitif[3] ; ce ne sont plus, à vrai dire, les bêtes du bon

[1] L'application de la loi Grammont est restée jusqu'ici bien restreinte.

[2] Habitude autrefois générale pour faire croître la laine.

[3] On parle du mouflon.

Dieu. L'homme les multiplie, les greffe, les mutile, les met en coupe réglée, comme les plantes de son jardin.

LE POURCEAU

A côté, dans un cabanon obscur, étendue sur une paille fétide, gît une masse informe qui ne révèle la vie que par un faible grognement. Bercé par un demi-sommeil, le triste prisonnier interroge, mais en vain le mystère, qui l'environne. Pourquoi cette existence sans air, sans espace, sans lumière, sans amours et sans joies? Cela doit-il finir ; et quand? et comment?

Tu ne l'apprendras que trop tôt, pauvre déshérité! L'instant fatal approche, et dans l'éclair du couteau, la vérité cruelle va tout à coup pénétrer jusqu'à ton cœur!

Mais tandis que la conquête maintient aussi durement ses droits, par un retour inévitable, l'esclave après tant de siècles proteste encore comme au premier jour contre la main qui l'opprime. Faites tomber ces chaînes, ouvrez ces portes, et la tourbe tumultueuse, à flots pressés, turbulente, se rue, se précipite, renversant, foulant aux pieds le maître détesté; saccageant cette terre fécondée par ses durs travaux, engraissée de ses sueurs! Que lui importent l'homme et ses richesses! La contrainte et la violence ne pouvaient engendrer que la haine et l'esprit de révolte.

Notre ennemi c'est notre maître,
Je vous le dis en bon français[1].

OISEAUX DOMESTIQUES

Dans ce même groupe figurent aussi quelques spécimens volatiles, soustraits les uns aux races pesantes des gallinacées, les autres aux races voyageuses. A l'aspect de ces colonnes qui fendent le nuage en jetant leur cri de ralliement, le pauvre oiseau de basse-cour s'émeut, s'agite ; il reconnaît ses frères ; il voudrait s'élancer dans les airs, émigrer avec eux !

Vains désirs, efforts inutiles ; ses ailes, alourdies par la vie sédentaire et repue, refusent de l'y porter.

Les colombes acceptent plus volontiers l'esclavage. Ce n'est pas que la rapidité de l'aile leur fasse défaut... Mais pour elles le bonheur n'est pas dans la liberté ; il est tout entier dans l'amour, et la vie leur est douce partout où les attendent le nid et la famille.

[1] *Le Vieillard et l'Ane.* (La Fontaine.)

III

TROISIÈME GROUPE — L'ALLIANCE

Dans le troisième groupe, je n'aperçois qu'un seul animal... le chien et ses variétés.

Seul il s'est mis du parti de l'homme contre tous les animaux quels qu'ils soient, de l'air, de la terre, ou des mers ; contre ceux même de sa race, contre sa propre famille ; contre l'homme lui-même, s'il est du parti contraire ; contre toutes les forces de la nature.

Il abdique en faveur de l'homme sa liberté, sa volonté, ses instincts ; s'associe à ses intérêts, à ses idées, à ses passions, à ses caprices, les fait siens et sait mourir pour en assurer le triomphe. Il met à ses pieds sa force, son courage, son intelligence, son zèle, son dévouement, et semble lui dire : « Use et abuse ; je t'appartiens corps et cœur. »

Ne sont-ce pas là des qualités qui dépassent tout ce que nous pouvons rêver et poursuivre dans nos relations sociales? Mais qui donc oserait demander à un ami un tel dévouement ; à un allié tant de sacrifices ; à un serviteur tant de zèle et d'abnégation ?

Ah ! dites-le hardiment :

Le plus sûr des amis,

Le plus ferme des alliés,

Le plus fidèle des serviteurs,

C'est le Chien.

Mais pour bien juger toutes les qualités qu'il déploie dans l'association, il faut nous transporter au sein d'une colonie agricole.

A peine ai-je posé le pied sur le seuil de l'habitation, il a fixé sur moi deux yeux fiers et interrogateurs ; il se lève, il s'avance. A sa démarche souple et facile, à sa physionomie intelligente, j'ai reconnu le chien.

C'est le policeman de la colonie ; il vient me demander mes papiers. S'il reconnaît en moi un ami de la maison, il me fera fête et, avecforce démonstrations de joie, il va me conduire vers le maître du logis. S'il eût flairé en moi un ennemi, il se fût mis en travers de mon passage et; comme d'Assas, il eût appelé aux armes ! Je ne suis qu'un indifférent, il s'est contenté de signaler ma venue et, après m'avoir remis aux mains du premier valet qui se présente, le voilà déjà retourné à son poste d'observation.

Sagacité merveilleuse, sentiment d'exquise délicatesse ; discernement où le cœur vient s'unir à l'intelligence ; l'homme peut-il se flatter de vous avoir développés chez le chien, quand vous lui manquez si communément à lui-même !

Je n'ai fait qu'entrevoir le chien, et déjà j'ai pu constater la distance qui le sépare de ces brutes ou hostiles ou simplement passives que j'ai passées en revue tout à l'heure.

Ici ce n'est plus la contrainte qui gouverne. Point de verrous, point de chaînes, point d'entraves pour retenir le chien au logis : le chien est libre ; il va, il vient comme il lui plaît, à toute heure ; il peut fuir, échapper à la servitude !... il peut fuir... et il reste !

Point de fouet, point d'aiguillon pour le contraindre au travail ; l'obéissance est sa loi, son point d'honneur est d'observer la consigne, sa joie de recevoir un ordre, son bonheur de le devancer. Lui seul peut maintenir dans l'obéissance le taureau, ce farouche sultan qui mugit et menace au milieu de ses blondes maitresses ; il le harcèle, brave résolûment sa corne menaçante et contraint le colosse frémissant à courber la tête sous la chaîne qui le lie à la crèche. Il connaît la propriété du maître, il la respecte et la fait respecter ; et après les fatigues du jour, toujours sur le qui-vive, quoi qu'en aient pu dire les oies du Capitole, c'est encore lui qui, à l'heure où tout dort au manoir, c'est encore lui, toujours lui, qui veille pour le salut commun.

IV

ALLIANCE ET SERVITUDE

On considère généralement le chien comme une conquête de l'homme, c'est-à-dire comme asservi par la force à l'instar des autres animaux domestiques. L'examen, auquel je viens de me livrer, des conditions dans lesquelles tous ces auxiliaires vivent près de nous, les différences, ou pour mieux dire les contrastes frappants qui surgissent de ce rapprochement, me conduisent à une conclusion tout autre.

Lorsque l'on considère, d'une part, l'esprit d'insubordination et de révolte, toujours prêt à éclater parmi les animaux du second groupe, chevaux, ânes, taureaux, etc., etc.; d'autre part, la contrainte et la violence auxquelles l'homme doit incessamment recourir à leur égard pou conserver sa domination, en présence de ces vestiges ineffaçables de la conquête, une seule conclusion s'offre et s'impose à l'esprit, c'est celle-ci : « Tous ces auxiliaires de l'homme n'obéissent qu'à la contrainte, parce qu'ils ont été asservis par la contrainte. »

Voilà la déduction logique.

Mais de quelle circonstance peut-on s'autoriser pour envelopper le chien dans la même conclusion? Y a-t-il dans ses actes un seul fait qui porte l'empréinte de la conquête, de la contrainte? Tout au contraire n'y révèle-t-il pas une volonté libre, la spontanéité, le désir de plaire? A toute heure il peut fuir, s'affranchir de la servitude, retourner à la vie libre des forêts; il n'en fait rien, il reste..., c'est par choix.

Loin d'attendre la menace, la violence pour prêter son concours à l'œuvre commune, il vole au-devant du mot d'ordre, et met à l'accomplir tout ce qu'il a de force, de courage, d'intelligence!

Certes, nous voilà bien loin de ces résistances, de ces ressentiments indélébiles, qui se transmettent de génération en génération, chez les races que nous venons de signaler comme asservies par la force, et pourtant, remarque importante, toutes ces races rancuneuses appartiennent à la classe relativement paisible des herbivores, tandis que le chien est un carnassier aux passions violentes, âpre à la poursuite, à la lutte, au carnage!

Demeure-t-il sous-entendu, dans le système que je combats, que tandis que les herbivores n'ont pu oublier, ni pardonner l'oppression qui pèse sur eux depuis l'origine des sociétés, le carnassier, le chien aura non-seulement oublié et pardonné, mais encore que le ressentiment de l'oppression aura fait place dans son cœur à la plus profonde sympathie pour l'oppresseur?

Cette thèse me semble difficile à soutenir, je me résume sur ce point en disant : « De même que la contrainte dans laquelle vit le cheval, l'âne et tous les auxiliaires du deuxième groupe, nous a conduits à conclure que ces animaux sont entrés par la conquête sous la domination de l'homme, de même, prenant en considération la liberté, la spontanéité qui préside aux actes du chien dans la vie domestique, nous devons en conclure qu'il s'est associé à l'homme librement et volontairement. »

Similia, similibus,
Contraria, contrariis.

Mais ce n'est pas uniquement sur des déductions logiques que je fonde mon système d'alliance librement et volontairement offerte et contractée par le chien vis-à-vis de l'homme. Je peux l'appuyer de plusieurs faits.

M. de Quatrefages, dans son cours d'Anthropologie, nous dit ceci[1] : « Dans l'Orient on voit fré-

[1] *Cours scientifique*, p. 549.

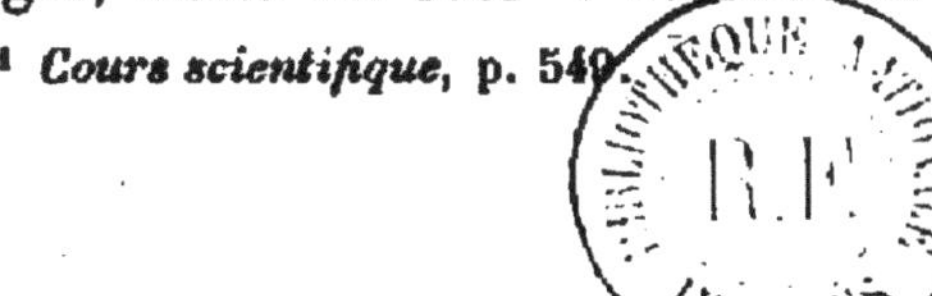

« quemment le chacal se mêler aux troupeaux et « suivre les bergers. »

Pourquoi douter que le chien, plus ami de l'homme, plus dévoué à sa personne, à ses intérêts que le chacal, se soit donné ainsi?

Autre argument. — On rencontre le chien domestique chez des peuplades sauvages qui n'ont su domestiquer aucun animal[1]. D'où vient? C'est qu'il s'est donné, c'est qu'il reste volontairement, tandis que les autres animaux nécessitent d'être subjugués, surveillés, retenus par la contrainte, utilisés par la contrainte, toutes choses dont l'esprit versatile et peu prévoyant des sauvages est incapable.

Autre fait. — Les chiens libres des forêts de l'Amérique qui proviennent des chiens, autrefois abandonnés par des aventuriers qui les avaient dressés à la chasse des pauvres Indiens, ces chiens, dis-je, se montrent, après des siècles de vie sauvage, tout disposés à céder aux premières avances des naturels du pays et à rentrer dans la vie domestique!

Ce premier point débattu, me voici en face d'un problème fort complexe, qui a toujours singulièrement exercé ma curiosité, à savoir : sous quelle impulsion le chien a-t-il recherché l'alliance de l'homme? quelle cause l'y retient?

[1] Darwin, p. 30.

V

LE BESOIN

Est-ce le besoin qui a poussé le chien vers l'homme? Est-ce le besoin qui le retient sous sa domination?

Le premier chien, assurément, ne fut pas un king's Charles, et sans lui accorder la taille des chiens d'Albanie, qui, selon Pline, mettaient en pièces les lions et triomphaient des éléphants, on peut se le figurer de la grandeur d'un chien des Pyrénées, soit qu'avec Buffon on lui suppose les formes du chien de berger, soit qu'avec Cuvier et Milne Edwards on lui suppose les formes plus massives et le large crâne du danois ou des molosses. Toujours est-il qu'il faut voir en lui un carnassier puissant ; sa mâchoire est bien armée, son odorat sans pair, sa vigueur persistante réduit à merci les proies les plus rapides, son œil est perçant, son oreille exquise, son courage méprise tous les dangers, son intelligence est de premier ordre. Il est le type le plus parfait, le plus accompli de toute une série de carnassiers, chasseurs à courre, batteurs d'estrade, loups, renards, chacals, lesquels savent tirer bon parti du capital que leur a départi la Providence, toujours inégale dans ses dons. Comme eux, il était fait pour la vie libre et aventureuse des forêts ; comme eux, mieux qu'aucun d'eux il eût pu continuer à vivre de son industrie[1].

Ce n'est donc ni la force, ni le courage, ni l'intelligence qui, lui faisant défaut, l'ont poussé à demander à l'homme protection et appui ; il n'en avait pas besoin ; et lorsque je vois l'homme marcher à côté du terre-neuvien, du chien des Pyrénées ou du Saint-Bernard, en vérité, le doute n'est plus possible !..... Le protégé..... c'est l'homme ! Le protecteur..... c'est le chien !

[1] Exemple : les chiens libres de l'Amérique.

V

LA RECONNAISSANCE

Est-ce la reconnaissance qui le retient dans la dépendance de l'homme?

C'est l'opinion de G. Cuvier, je me permets de ne point m'y ranger. Je cherche en vain par quels soins particuliers, par quelle démonstration sympathique, cette reconnaissance eût pu être éveillée dans le cœur du chien, car voici ce que j'ai toujours constaté dans mes longues habitudes agrestes. De tous les animaux utiles, le plus négligé, je pourrais bien dire le seul négligé, c'est le chien, le chien de berger. Il n'en est pas un seul qui n'ait un abri protecteur contre les froids de l'hiver et les feux de l'été, contre l'humidité des nuits, contre les vents et les tempêtes; c'est là,

9.

qu'après le travail quotidien, le cheval, le bœuf trouvent une épaisse litière, une nourriture abondante et variée; c'est là que rumine paisiblement la vache, tandis que sa mamelle se gonfle à souhait ; c'est là que la brebis s'endort et refait sa riche toison, sans avoir à redouter la terrible étreinte du loup. Tous, en un mot, sont l'objet d'une sollicitude commandée sans doute par le calcul, mais qui, en définitive, leur est profitable.

Pour le chien, rien de semblable, rien d'approchant.

Il couche dans les cours, à ciel ouvert, en toutes saisons, par tous les temps; c'est à lui de s'abriter comme il peut.

C'est après que crèches et râteliers sont remplis, c'est après que serviteurs et servantes ont quitté la table... eux repus, c'est alors qu'une main parcimonieuse jette au chien un pain insuffisant, et jamais du meilleur ! Des soins, jamais ; des caresses, pas davantage; des invectives et des coups, à tout propos, hors de propos.

Il est le seul que le maître abandonne à la brutalité des valets.

Se hasarde-t-il à pénétrer dans le logis pour rappeler qu'il est là, qu'il a faim, qu'il attend, qu'on l'oublie, un tolle général s'élève contre lui, cet indigne, ce mendiant, cet immonde! Combien de fois je l'ai vu poursuivi par les lazzi et les horions des loustics de la basse-cour : « Tapez donc, c'est du chien ! » Eh messieurs, de grâce ! si vous aviez en partage, l'un, la vigilance de ce modeste animal, l'autre, son zèle et le troisième sa probité, ah ! vraiment, les affaires de votre maître en iraient beaucoup mieux !

Eh bien, le dévouement du chien, son ardeur à bien faire, ne faiblissent pas devant ces injustices, cela est vrai, mais on peut affirmer qu'elles ne sont pas de nature à lui inspirer la reconnaissance.

VII

DE L'INFLUENCE DE L'HOMME SUR LES ANIMAUX

J'ai souvent entendu, dans le monde, parler en termes tellement absolus de l'influence que l'homme exerce sur les animaux, qu'il semblerait que ce pouvoir est irrésistible.

Je ne puis m'associer sans réserve à cet enthousiasme. Tous les animaux qui peuplent la terre, à de rares exceptions, ont passé sous les fourches de la conquête, et, malgré tous les efforts de l'homme pour se créer des auxiliaires là où il pressentait un avantage, il n'a pu courber que quarante-sept espèces sous sa domination[1]. Ce n'est certes pas là un succès dont il puisse s'enorgueillir !

[1] Geoffroy-Saint-Hilaire.

Les carnassiers, grands et petits, à l'exception du chien, ont opiniâtrément refusé de le servir.

Lorsque, à travers les vapeurs du sang, Néron considérait ses trois cents lions déchirant et dispersant sur l'arène les membres palpitants des chrétiens sans défense, il se prenait à trouver ce spectacle monotone.

« Ne pourrais-je pas, disait-il, commander à ces fiers assaillants, en former une meute invincible, et les conduire à de véritables combats? Qui pourrait alors me résister? le monde serait à moi ! »

Qui pourrait te résister, Néron? Le lion lui-même! Jéhovah n'a pas voulu de ces associations monstrueuses !

Rendons-en grâce à Jéhovah !

Obtenons-nous plus aujourd'hui de ces puissants carnassiers? Non ; et ces exhibitions publiques où, pour un mince salaire, le dompteur va chaque jour braver sous leurs barreaux les lions et les panthères, ne sont rien de plus que des spectacles stériles et démoralisateurs !

Stériles... car ils ne conduisent à aucun résultat utile, puisque, en dehors de leurs geôles, ces monstres reprennent toute leur férocité.

Démoralisateurs... car l'enjeu n'est rien moins que la vie d'un homme!

Je sais bien qu'asservis par le jeûne et l'insomnie, dévorés par la fièvre de la nostalgie, courbés par la violence et les coups, ces rois du désert, en perdant la confiance en leur force, ont perdu le sentiment de leur dignité et rampent à la voix de l'oppresseur. Mais, s'ils allaient se réveiller, cependant? Ah! se dit le dompteur, plein de foi dans l'intimidation qu'il inspire, ce n'est plus au cœur de mes fauves que fermentent les instincts de férocité; c'est au cœur de ce public insoucieux et léger, qui vient chercher des émotions dans ce tête-à-tête redoutable, où la témérité d'un homme semble affronter une mort imminente!

Prenons, dans cette imposante catégorie des carnassiers, quelque individualité moins aristocratique.

Voici le loup. L'homme lui a dit souvent : « Chasse avec moi et pour moi; loin de te faire la guerre, je t'associe à mes plaisirs, je t'héberge, et tu auras part de prise. »

Le vieux loup a refusé; le louveteau s'est laissé faire jusqu'au jour où, sentant toutes ses dents bien sorties, il déchire la main qui l'a nourri.

Le renard ne se conduit pas autrement; jusqu'à l'âge adulte, ces animaux se montrent assez traitables, mais, ce terme arrivé, la domesticité leur devient insupportable.

Un homme digne de foi m'a dit avoir chassé, dans sa jeunesse, avec un garde général qui avait eu la fantaisie de dresser à la chasse à courre un louveteau, puis un jeune renard ; leur moniteur était un vieux chien de créance.

Les trois artistes faisaient le bois ensemble; invariablement, ils revenaient au rappel dans l'ordre que voici : le chien premier, le loup second, après un certain intervalle, le renard troisième, après un très-long retard.

Un jour enfin, il resta tout à fait, pour ne plus revenir... affaire de cœur, sans doute. Le loup devint grondeur, menaçant; il fallut l'abattre.

VIII

LE CHAT

Tandis que j'accumule les preuves à l'appui de mon assertion que nul carnassier, à l'exception du chien, n'a consenti à servir l'homme, le chat s'avance et vient s'asseoir à mon foyer comme pour me donner un démenti.

Attends un peu, maître fourbe, je vais te dire ton fait.

Le chat n'est point un serviteur de l'homme, c'est un parasite indépendant. Qu'il ait été importé sous notre toit par la conquête ou, ce qui me paraît plus probable, que dans ses expéditions nocturnes, ce maraud, maraudant, s'y soit glissé à la poursuite de la souris, peu importe; le voilà installé, il s'y plaît, il y reste; mais il y vit entièrement à sa guise, méprisant tout appel, tout ordre, tout commandement, sachant se soustraire à toute discipline. Demandez-lui le plus léger service, quelque chose qui soit entièrement de sa compétence... Une souris sous le lit... Minet! Minet! vite! vite!...

Certes, le chat n'est pas un sot, il vous comprend à merveille, mais il ne chasse qu'à ses heures et pour son plaisir; en ce moment, il fait sa sieste auprès des tisons, il ne bougera pas.

Tous les instincts qu'il apporta de la forêt et qui sont des vices dans la vie domestique, il les conserve; l'éducation n'a rien pu réformer dans cette nature perverse. Gorgez-le des meilleurs morceaux, il quitte la table pour voler de toutes mains; traître et sournois, il répond aux caresses par un coup de griffe; incapable d'amitié...

Direz-vous que je le calomnie? Allez donc en paix, et recommandez-lui surtout votre oiseau favori!

Incapable d'amitié, il voit partir sans regrets la famille qui l'a si longtemps hébergé, choyé!...

Eh! Rominagrobis, as-tu fait tes paquets?
Tu vois que nos maîtres sont prêts;
Aujourd'hui nous changeons d'asile.
— Je ne compte pas voyager,
J'ai toujours craint l'air étranger,
Lui répond (au chien) l'animal tranquille.
A quoi bon se créer de nouveaux embarras?
Je suis né dans ces lieux, j'en connais tous les êtres;
Et, ma foi, j'aime mieux changer vingt fois de maîtres,
Que changer le goût de mes rats.

(De Monvel.)

IX

ANIMAUX DOMESTIQUES

Si, de ces races ardentes et réfractaires, passant à celles qui vivent sous notre domination, nous voulons mesurer la portée de l'influence que nous exerçons sur elles, il faut tout d'abord établir une distinction entre ce qui a trait à la matière et ce qui a trait au caractère et aux instincts.

Notre pouvoir est, en effet, très-grand sur la matière; nous pouvons à notre gré modifier la forme, développer, amoindrir la charpente osseuse, changer, varier les couleurs à l'infini; créer des monstruosités, ajouter à la beauté naturelle et perpétuer par la reproduction ces caprices et ces spéculations de notre fantaisie; il semble que le Créateur nous abandonne une part de sa toute-puissance sur cette chair qu'il livre à nos appétits; mais à l'égard du caractère et des instincts, il n'en va pas de même, notre influence est beaucoup plus limitée.

Je sais bien qu'il faut tenir compte, dans une certaine mesure, de l'éducation irrationnelle que reçoivent nos animaux domestiques des mains mercenaires auxquelles nous sommes obligés de les confier; mais c'est un mal auquel il ne sera pas porté remède de sitôt.

En attendant, le cheval se montre toujours défiant, brutal et dangereux; le taureau, toujours farouche, menaçant, prêt à entrer en fureur; l'âne, le mulet, toujours entêtés, résistants; le zèbre, l'hémione, toujours rebelles à tout travail; la chèvre, toujours vagabonde et dévastatrice; la brebis, toujours stupide et gourmande.

Certes, de tous les faits présentés jusqu'ici, aucun n'a illuminé d'une bien vive lumière la puissance exercée par l'homme sur les animaux, et l'on peut dire que nous ignorons complétement sur quel mode Amphion accordait sa lyre quand il conviait à ses concerts un public de fauves charmés et attendris.

Toutefois, parmi les victoires et conquêtes plus ou moins contestables en ce genre, que la vanité humaine aime à inscrire dans les fastes de notre histoire, il en est deux qui peuvent légitimer son orgueil : je veux parler de l'obéissance passive du faucon et de la soumission de l'éléphant.

X

LE FAUCON

N'est-ce pas chose merveilleuse que de voir le faucon descendre de la nue à l'appel de son maître, quand son aile rapide pourrait le rendre à la liberté?

Quelle cause a pu déterminer son choix? Sans doute il a mis en balance les avantages et les inconvénients des deux situations; d'une part, les fatigues souvent infructueuses de la carrière du chasseur, les jours néfastes où la pluie, les orages l'ont condamné à subir immobile les angoisses de la faim, les embûches qui se dressent contre lui de toutes parts.

Sous le toit de l'homme, au contraire, un doux abri, une pâture abondante, assurée, la chasse, après tout, comme plaisir, et non comme ressource unique ! Et le faucon a cru devoir payer du prix d'une liberté toujours menacée, inquiète, une dépendance exempte de soucis, largement rétribuée et que l'homme se complaît à rendre légère. Est-ce donc là un conseil parti uniquement des entrailles et dans lequel le cœur n'est pour rien ? je me garderai bien de l'affirmer.

Le loup et le renard ont reçu les mêmes avances et les ont repoussées, cela est vrai ; mais qui pourrait nier la tendance des oiseaux à répondre par une confiance absolue aux appels d'une main amie[1] ? Et combien l'on trouverait, autour de soi, d'exemples où cette confiance a pris tous les caractères d'une véritable affection !

Il est donc juste de reconnaître que la victoire de l'homme sur l'oiseau chasseur est complète, et qu'il doit l'obéissance passive de son captif à l'emploi de la douceur.

[1] Les pigeons ramiers et les moineaux des Tuileries.

XI

L'ÉLÉPHANT

La victoire remportée sur l'éléphant est plus glorieuse encore, en raison des obstacles insurmontables qu'elle semblait présenter. N'était-ce pas folie que de prétendre s'emparer par la violence de ce colosse formidable, d'espérer désarmer son ressentiment et de l'amener à mettre au service de l'homme sa force et son intelligence? Eh bien, l'intelligence et l'audace de l'homme ont fait réussir tous les actes de ce programme vertigineux, et même ses espérances ont été dépassées.

L'éléphant s'est laissé prendre par surprise et, dès ce moment même, il a paru reconnaître dans l'homme une intelligence supérieure à la sienne, devant laquelle il devait fléchir; il a respecté les jours du téméraire qui osa le premier l'approcher dans sa captivité; enfin lui, le géant, s'est livré doux et soumis aux ordres du pygmée; et, secours inespéré, stupéfiant, il lui a prêté son concours pour asservir et réduire à l'obéissance ses congénères insoumis!

Ici l'homme s'est imposé par la violence, et s'est fait accepter par la douceur. Mais il avait affaire à un animal tout à la fois doux et intelligent, et sans rien retrancher de l'admiration que doit inspirer l'audace de l'entreprise, il me semble qu'on peut dire avec vérité : « Ce qui fait la force du pygmée, c'est la mansuétude du géant. » Il ne faut pas se dissimuler, néanmoins, que l'éducation ne fait pas disparaître certaines aspérités de caractère chez ce haut personnage. S'il rend hommage, par sa soumission, à l'intelligence supérieure de l'homme, il n'en conserve pas moins pleine et entière la conscience de la sienne propre ; il marchande son obéissance, ne l'accordant qu'aux bons traitements; il ne permet pas qu'on l'insulte ou qu'on se joue de lui, et se venge tôt ou tard, et l'on cite autant et plus de cornacs châtiés et mis à mort pour cause de violences que de cornacs protégés par l'éléphant contre une agression étrangère.

Ainsi, par l'intimidation, on peut comprimer les instincts féroces des carnassiers, par la contrainte obtenir le concours laborieux du cheval, du bœuf, etc.; par la douceur, capter la confiance de l'oiseau, déterminer l'éléphant à mettre au service de l'homme sa force et son intelligence, mais, pour conserver les résultats acquis, il faut, de toute nécessité, ne pas se départir du système qui les a produits ; car les instincts ne sont jamais vaincus, ils ne sont que refoulés, infléchis, et, comme le ressort qui cesse d'être comprimé, sont toujours prêts à se redresser et à reprendre leur rigidité première.

Appliquons maintenant ces règles au chien ; voyons si nous sommes tenus de suivre, dans son éducation, une ligne aussi inflexible, aussi persistante, et quelle part peut être attribuée à notre influence dans l'ensemble des qualités qu'il déploie à notre service.

Buffon, comparant l'intelligence du chien à celle de l'éléphant, s'exprime ainsi[1] :

« Le chien n'a que de l'esprit d'emprunt ; l'on « ne doit pas lui accorder tout ce qu'il paraît « avoir ; ses qualités *les plus relevées*, *les plus* « *frappantes*, sont empruntées de nous. Il a plus « d'acquis que les autres animaux, parce qu'il « est plus à portée d'acquérir ; sa sensibilité, sa « docilité, son courage, ses talents, tout, jusqu'à « ses manières, s'est modifié *par l'exemple et mo-* « *delé sur les qualités du maître*. »

[1] Article Éléphant.

Il me semble que cette opinion *du maître* ne peut être acceptée que sous bénéfice d'inventaire. Il y a dans le chien, Buffon le proclame tout le premier, l'intelligence et le sentiment ; il ressort, de cette dualité, des qualités de deux ordres qu'il ne faut pas confondre.

Par l'éducation, nous faisons contracter au chien des habitudes qui servent nos idées, nos caprices, nos intérêts ; c'est là ce qui constitue, pour le chien, la somme des talents acquis.

Par l'éducation, nous le plions à la docilité, nous lui imprimons comme un reflet de nos habitudes ; dans tous les cas, c'est l'intelligence de l'animal qui est en cause. Mais est-il exact de dire que par l'exemple, ou par tout autre système d'éducation, l'homme puisse féconder, élargir, faire fructifier le sentiment chez le chien ?

« L'esprit du chien, dit Buffon, n'est qu'un es- « prit d'emprunt ; ses qualités les plus relevées, « les plus frappantes, sont empruntées de nous ; « sa sensibilité, son courage, etc., tout s'est mo- « difié par l'exemple et modelé sur les qualités du « maître. »

Ceci nous conduirait à admettre que le chien ne peut avoir d'autres qualités de sentiment que celles qu'il rencontre chez son maître ; de telle sorte que si l'une de ces qualités, ou plusieurs, ou toutes venaient à manquer au maître, le chien, ne pouvant se les appliquer par l'imitation, en resterait privé ; or nous les trouvons toutes dans le chien, non pas comme éventualité particulière à un ou à plusieurs individus de l'espèce, mais comme apanage caractéristique de l'espèce entière.

En conclurons-nous que, chez les générations passées et présentes, tout homme qui a possédé ou possède un chien a su et sait l'édifier par la pratique d'actes qui, pour n'être que des qualités chez le chien, n'en sont pas moins, et pour la plupart, des vertus chez l'homme ?

Est-ce nous qui donnons au chien l'exemple de la fidélité dans les affections, de la probité dans la garde du dépôt, de la vigilance, du dévouement et, pour couper court, du pardon des injures ?

Non, assurément. Ces qualités appartiennent en propre au chien, et elles sont en germe dans le sentiment particulier qui lui fait rechercher la société de l'homme ; elles se développent et fructifient par leur seule virtualité, dans l'association, alors même que l'homme, soit par système, soit par dureté naturelle, fait tout ce qui devrait en comprimer l'essor.

Pour un chien bien soigné, traité avec douceur, combien y en a-t-il de soumis à un régime de violences et de brutalités !

Ah ! si les liens qui unissent le chien à l'homme étaient l'œuvre de ce dernier, il y en aurait bien peu qui ne fussent brisés par son ingratitude! Voyez le chien du saltimbanque, celui du contrebandier, le chien d'arrêt du garde-chasse; c'est par les coups, c'est par les tortures qu'on procède à leur éducation; ils acceptent la torture et restent fidèles au tyran qui les martyrise!

Voyez le chien du bouvier, celui du berger; le bâton intervient trop souvent dans leurs relations, non comme instrument d'un châtiment mérité, mais comme agent d'une domination indiscutable et de bon plaisir. Eh bien, le zèle, la vigilance du chien n'en arrivent pas moins à parfait développement, et son dévouement est toujours prêt à se manifester, soit pour la défense du troupeau, soit pour la défense de l'ingrat qui l'opprime.

Il y a plus encore; cette fidélité, ce dévouement, dont une rigueur imméritée, imprudente, stupide, n'a pu contrarier le développement, cette même rigueur peut en vain redoubler ses sévices, elle est impuissante à les détruire.

Quel est-il donc ce sentiment si absolu, si désintéressé, si exclusif en faveur de l'homme, et qui échappe complétement à son influence?

Quel peut-il être, ce lien mystérieux qui, plus fort que toutes les chaînes, rive indissolublement le chien aux destinées d'un maitre capricieux, ingrat et trop souvent cruel?

On me répond : c'est l'instinct de la domesticité!

XII

L'INSTINCT ET LES INSTINCTS

« C'est l'instinct de la domesticité ! » Il y a donc un instinct de la domesticité? Qu'est-ce que l'instinct ?

L'instinct est une force initiale de l'organisme, qui gouverne le mouvement et lui imprime un essor logique dans l'action vitale. L'instinct correspond toujours à un besoin matériel, soit immédiat, soit contingent, et lui fait toujours équilibre.

Il y a des instincts généraux, c'est-à-dire qu'ils sont communs à tous les êtres organisés ; ce sont ceux qui correspondent aux besoins de réfection et de reproduction.

Il y a des instincts spéciaux, c'est-à-dire particuliers à certaines espèces, tels que la constructivité, l'émigration à époques fixes, la vie en commun.

Les instincts sont variés comme les besoins des espèces, mais leur but et leurs moyens sont toujours identiques ; leur but, la protection et l'avantage exclusif de l'individu ou de la famille, ou de l'association dont il fait partie ; leurs moyens, la satisfaction du besoin auquel ils correspondent.

On doit admettre que certains actes sont accomplis par l'animal sans aucune conscience possible de son action, et par entraînement d'une force initiale, l'instinct [1].

On peut également admettre que dans les espèces inférieures dont l'existence se rapproche de celle des végétaux, la sensation seule suffit à régler le mouvement dans l'action vitale, sans qu'il soit besoin que l'instinct intervienne ; mais, d'autre part, il n'est pas possible de nier l'intervention dans une certaine mesure de quelques-unes des facultés de l'intelligence, dans la plupart des actes accomplis chaque jour par les animaux doués de la puissance de locomotion ; ne leur faut-il pas la mémoire locale pour retrouver leur gite, le berceau de

[1] Le petit canard qui au sortir de l'œuf court à l'eau, et s'y précipite, l'ichneumon qui dépose ses œufs dans le corps d'un autre insecte qui servira de pâture à ses larves; le nécrophore, le sylpha, le scaphidia, la nilidule, l'anthrène (p. 870 et suiv. du cours des Éléments de zoologie de Milne Edwards), qui, après avoir pondu dans les rugosités d'une écorce, entourent leurs œufs de substances animales qu'ils vont butiner et qui nourrissent leurs larves.

la famille à travers les airs, les eaux, les forêts et les moissons à l'aspect si changeant?[1] Ne leur faut-il pas de plus la prudence en face du danger? Et s'il s'agit d'animaux chasseurs, ne faut-il pas ajouter à ces ressources premières, une sagacité particulière pour épier ou poursuivre la proie, démêler ses ruses, mesurer sa force, afin de ne pas engager une lutte désavantageuse?

Ce qui distingue l'instinct de l'intelligence, c'est que l'action de l'instinct est toujours limitée au service d'un besoin matériel déterminé, tandis que l'intelligence peut franchir les limites du connu et trouver sa voie dans le domaine de l'abstraction ; c'est que l'instinct ne peut franchir les limites d'un besoin naturel déterminé, tandis que l'intelligence, s'élançant du connu dans l'inconnu, cherche et trouve glorieusement sa voie dans le domaine de l'abstraction.

[1] Comment la perdrix retrouverait-elle son nid au milieu des blés, sans le secours de la mémoire?

XIII

LA DOMESTICITÉ

Empruntons à cette théorie incomplète des instincts, les caractères qui ont le plus particulièrement trait à la question de la domesticité.

« Le but, avons-nous dit, que poursuit l'instinct est toujours un avantage en vue de l'être organisé. »

Voyons donc si la domesticité peut être considérée comme un avantage capable d'exciter les convoitises de l'instinct.

Poser la question c'est en quelque sorte la résoudre négativement. Qu'est-ce donc que la domesticité? En termes de droit, c'est un contrat; en langage vulgaire, c'est un état de relations librement consenti[1] entre deux parties, qui confère à

[1] C'est à la domesticité parmi les hommes, la seule qui existe

l'une le droit de commander, et à l'autre le devoir d'obéir.

Le devoir d'obéir? C'est-à-dire l'abdication au profit d'un maître de la liberté de volonté et d'action individuelles!

Certes il n'y a rien là qui puisse séduire l'instinct; il s'agit au contraire d'un sacrifice qui lui répugne essentiellement, et la domesticité n'existerait pas si la plus inexorable des nécessités ne courbait l'homme sous son joug. Il faut vivre, et c'est pour s'assurer le pain de chaque jour que le pauvre vend sa liberté à celui qui la paye. Ainsi l'instinct proteste contre la domesticité, et ce qui le prouve surabondamment, c'est que celui qui est contraint de s'y soumettre, n'aspire qu'à s'en affranchir au plus vite.

La domesticité est encore plus oppressive pour le chien que pour l'homme; il ne peut échapper aux mauvais traitements, aux vexations de toute nature, et rompre le pacte contracté; ce n'est donc pas l'instinct qui l'y engage et l'y retient, et, circonstance remarquable, ce n'est point la nécessité. Il est courageux, bien armé, il pourrait vivre de la chasse comme le loup, comme le renard, plus largement que de la main parcimonieuse de

réellement que j'emprunterai ma définition; c'est par un abus de mots que l'on donne au cheval, au bœuf et autres animaux asservis le titre d'animaux domestiques; la conquête fonde la servitude, et non la domesticité.

l'homme; les chiens libres de l'Amérique sont là comme exemple.

On peut donc affirmer que chez le chien pas plus que chez l'homme, il n'existe d'instinct de la domesticité. Cependant le chien sert l'homme avec un zèle, un empressement remarquables, et sa fidélité, son abnégation sont toujours prêts à s'affirmer par un dévouement complet.

Eh bien ! ces qualités si rares, si remarquables, sont précisément la réfutation la plus victorieuse de l'instinct de domesticité.

La fidélité, l'abnégation, le dévouement... sont-ce là les fruits ordinaires, naturels de la domesticité ? Ira-t-on jusqu'à supposer chez le chien un instinct assez généreux pour lui inspirer le dévouement ? Ce serait tomber dans un abus de mots complétement illogique ! Qu'est-ce donc que le dévouement ? C'est le sacrifice volontaire, complet fait à autrui, sans esprit de retour, des intérêts les plus chers à l'être organisé; de la vie même au besoin. N'est-ce pas là la négation la plus absolue du pouvoir des instincts, la ruine, le renversement de leurs efforts, de leurs spéculations constantes ?

Regardez le chien qui se laisse battre sans trêve ni merci par son rustre berger ; l'homme est chétif, le chien est alerte et vigoureux ; s'il voulait, d'un bond il terrasserait son agresseur, d'un coup de dent il le mettrait et pour longtemps hors de combat.

Cependant il subit la torture et se borne à implorer par ses gémissements la pitié de son bourreau.

« Lâcheté! dit un sceptique; le chat se respecte et se fait respecter plus glorieusement. »

Eh bien, répondrai-je au sceptique, allez à votre tour ramasser le bâton, et levez-le sur le chien; alors la scène changera. Quand le maître bat son chien, l'affection l'emportant sur le ressentiment du chien, l'instinct est vaincu ; l'animal renonce à se défendre.

Qu'un étranger veuille frapper à son tour ; l'affection n'existant pas, l'instinct conservateur intervient dans toute son énergie, et l'étranger se fera un mauvais parti.

Ne le perdez pas de vue, ce brave chien; fatigué de frapper, le maître a fait trêve à ses coups, et le courageux serviteur, tout meurtri, regagne les flancs du troupeau.

Le voilà reparti avec son ardeur accoutumée; voyez comme il court par cette chaleur torride, sans repos, reprenant d'une dent discrète la brebis gourmande qui va butiner sur le champ voisin.

Un loup survient à jeun et lui tient à peu près ce langage : « Calme-toi, je ne songe point à te chercher querelle. Du taillis où j'étais embusqué, je t'ai vu tout à l'heure houspillé de la belle manière; tes cris m'ont ému. Comment peux-tu servir des ingrats? Comment, pour leur plaire, oublies-tu si souvent qu'un même sang coule dans nos veines? Dans le silence des nuits, les alliances sont-elles donc si rares entre nous? Crois-moi, faisons la paix, immolons à la concorde une de ces stupides brebis et partageons en frères. »

Que fera le chien? le ressentiment d'un outrage récent..., l'occasion..., un dîner en famille, ou un duel à mort, et pour qui et pourquoi?

Le chien n'a point hésité, et bien avant que le cauteleux orateur ait terminé son discours, le chien, au péril de sa peau, lui a résolûment sauté à la gorge.

Qu'y a-t-il dans tout ce petit drame? Et selon la coutume où nous sommes de faire la plus petite part possible aux facultés mentales des animaux, comme si la nôtre s'augmentait de tout ce que nous leur ôtons, prétendrons-nous qu'il n'y a que des instincts dans les actes du chien?

Est-ce son instinct qui lui fait protéger le pré de son maître contre la dent de la brebis?

Non assurément, cette herbe ne lui est de rien; mais le maître a dit : il faut y veiller! cela suffit, l'affection donne au chien le respect de la volonté du maître. Le loup intervient et cherche à détacher le chien de son devoir; que dit au chien son instinct? que la dent du loup est redoutable, que la chair de la brebis est succulente.....

Mais la voix du devoir s'inspirant de l'affection lui crie encore plus fort : Fais ce que dois!...

Et de même qu'il a protégé la moisson contre la dent de la brebis, il protége à son tour la brebis contre la dent du loup.

Mais pendant tout ce temps..... qu'est donc devenu Colin, le berger aux cent écus, ce généreux représentant du droit, qui tout à l'heure s'escrimait si vaillamment de son bâton?... Colin?... Tenez, ne le voyez-vous pas là-bas sous ce grand chêne?... il cause avec Colette de tout autre chose!

« Permettez, me dit le sceptique qui cherche une revanche; vous prétendez que dans tout ceci, c'est l'affection qui dicte au chien le sentiment du devoir; c'est touchant, en vérité, mais ne croyez-vous pas que le souvenir du bâton ne soit pas pour quelque chose, sinon pour tout, dans la détermination du chien? »

Le bâton?... Le bâton, cher monsieur, ne fait pas plus de bons comptables qu'il ne fait de grands capitaines! Bien sot, d'ailleurs, qui sait attendre le bâton : ce n'est pas de ce bois que se chauffent les agents infidèles; on croque le fonds social et l'on passe en Belgique!

Certes, il n'y a qu'une passion bien ardente, bien expansive, bien désintéressée, qui, triomphant des révoltes de l'instinct, cherche et trouve sa jouissance dans le sacrifice, dans l'immolation.

Eh bien! cette noble passion existe..., c'est l'affection, c'est l'amour! Et l'on peut dire hardiment du chien comme de tout être qui se dévoue : « Il se dévoue..., donc il aime! »

« Il se dévoue, donc il aime! »

Cet axiome ne reçoit pas son application à journée faite; tandis que des instincts rivaux destinés à protéger l'individu, poussent les races animales à des luttes incessantes, le dévouement dont le but plus élevé est de protéger la jeune famille, n'a été départi qu'à un nombre bien restreint d'espèces animales, et c'est aux mères que revient la part la plus large à ce titre glorieux.

« Rayon divin qui transfigurez le cœur des mères, vous suffiriez, vous seul, à démontrer l'existence d'une intelligence supérieure à la matière, vous êtes ici-bas le symbole le plus éclatant de la communion qui existe entre le Créateur et la créature!

« Nous vous admirons dans l'oiseau quand, sous votre influence, oubliant tout à coup sa faiblesse et sa timidité native, il se précipite sur le ravisseur qui lui enlève ses petits.

« Nous vous honorons, nous vous glorifions dans la femme qui se montre pénétrée de la sainteté de ses devoirs de mère, et par un juste retour, nous n'avons pas assez de mépris pour celle qui ne craint pas de les fouler aux pieds. »

Dieu a permis à l'homme d'arriver au dévouement par le sens moral et par le sens religieux, témoignage de sa nature supérieure.

Par le sens moral, médecins, sauveteurs, nous pouvons tous y prétendre ; par le sens religieux, le prêtre, la sœur de charité apportent à toute heure, au chevet du malade, des soins, des consolations, des trésors de patience qu'aucune philosophie n'a jamais pressentis. Et alors, nouveau bienfait, ce n'est plus aux membres d'une même famille que se circonscrit le dévouement, il s'étend à la famille humaine tout entière.

Mais quand vous aurez passé au crible toutes les races humaines et toutes les espèces animales, vous reconnaîtrez que les cœurs capables de dévouement sont en bien faible minorité.

Voilà pourquoi j'admire le dévouement du chien pour l'homme, sans me préoccuper autrement de certaines objections qui m'ont été faites.

« Le chien, dit-on, alors qu'il se dévoue pour sauver son maître, n'a pas la conscience morale de son action ; c'est, chez lui, affaire de tempérament, d'organisation ; il n'y a donc pas lieu de l'admirer, pas plus que de lui être reconnaissant. »

Je réponds ceci : « Lorsque nous admirons l'oiseau qui se dévoue pour sauver ses petits, sommes-nous bien sûrs qu'il a, plus que le chien, la conscience morale de sa témérité? Attendons-nous d'avoir acquis la même certitude, avant d'admirer la femme de Florence qui se prosterne devant le lion?

Pourquoi donc nous montrerions-nous plus exigeants envers le chien? Admirons, sans scrupule, son dévouement et portons plus haut notre reconnaissance vers la puissance qui le lui inspire!

Oui, c'est avec une conviction profonde que je le dis, plus on y regarde avec attention et plus on découvre dans le dévouement du chien pour l'homme des motifs d'étonnement et d'admiration. Cet oiseau qui se précipite sur le ravisseur qui enlève ses petits, pour quelle cause s'expose-t-il ainsi? C'est pour la chair de sa chair, pour le sang de son sang.

Il en est de même de tous les dévouements maternels.

L'homme qui par le sens moral, la sœur de charité qui par le sens religieux, s'élèvent jusqu'au dévouement, pour qui risquent-ils leur existence?... Pour leur semblable. En est-il ainsi pour le chien? Non! c'est pour un être différent de lui, supérieur à lui, qu'il se dévoue.

Ce dévouement qu'inspire à certains animaux le sentiment de la paternité, est-il durable, est-il persistant? Non; il ne survit pas aux circonstances qui le rendaient nécessaire, il avait fait taire les instincts; mais dès que les petits peuvent se passer de la protection maternelle, les instincts égoïstes reprennent leur empire, et les parents, les carnassiers surtout, repoussent leurs enfants comme des compétiteurs odieux.

Le dévouement du chien est exempt de ces alternatives ; l'affection qui l'inspire est indestructible ; elle résiste aux épreuves les plus rudes, les plus dissolvantes, l'absence, la misère, l'ingratitude, la violence. Indélébile, elle survit aux modifications les plus profondes que l'homme puisse faire subir à la forme de l'animal. Enfin elle est la marque spéciale, le titre d'honneur departi à l'espèce canine entière à l'exclusion de toute autre.

Singulières conditions en vérité et qui semblent autant de précautions prises par un pouvoir supérieur pour lier d'une manière indissoluble l'existence du chien à celle de l'homme, comme à un anneau de la chaîne des êtres !

Mais quel peut-il être ce pouvoir irrésistible qui a su faire taire les instincts féroces du carnassier ; lui faire accepter la domination de l'homme, la lui faire aimer, et pour tout dire sacrifier l'animal à l'homme ?

Qui me le dira ? sont-ce les matérialistes ; non, car ils se font gloire de ne rien définir, et refusent de chercher à rattacher un effet à une cause préexistante. Je me le tiens pour dit : mais au moins, puisqu'ils se bornent à exposer les faits, voyons quelles peuvent être les idées de quelques-uns d'entre eux, relativement à l'affection du chien poussée jusqu'au dévouement pour l'homme.

Je veux m'adresser d'abord au naturaliste moderne le plus riche en faits d'observation, à l'écrivain qui discute toujours avec une franchise et une loyauté dignes d'éloges, l'honorable sir Darwin. Darwin, dans son savant ouvrage sur l'origine des espèces, dit ceci, page 267 : « On ne peut guère douter que l'affection pour l'homme ne soit généralement devenue instinctive chez le chien. »

Or cette affirmation se trouve constamment démentie par tout ce que Darwin a écrit sur les instincts dans tout le reste de l'ouvrage.

Ainsi, page 262 : « Mais bien qu'il n'y ait aucune « preuve qu'aucun animal quelconque accom- « plisse un acte exclusivement pour le bien d'un « autre ; » et encore, page 250 : « La sélection na- « turelle ne peut absolument causer aucune modi- « fication chez une espèce exclusivement pour le « bien d'une autre espèce : » et encore même page ; « La sélection naturelle ne produira jamais chez « un être rien qui lui soit nuisible, car elle n'agit « que pour le bien de chaque individu. » Plus loin, page 301 : « Nul instinct n'a jamais eu pour « but exclusif le bien d'une autre espèce diffé- « rente, etc., etc., » pages 252 et 102.

Or, je le demande, y aurait-il un instinct plus compromettant que l'affection du chien, qui lui fait abdiquer sa liberté, sa volonté, jusqu'à ses instincts, et le porte souvent à se sacrifier pour un maître ?

Mais Darwin ne s'est pas imposé de retracer la nature sous toutes ses faces ; c'est un peintre de batailles ; chacune de ses pages retrace un des épisodes du grand combat que les espèces animales et végétales se livrent incessamment, et qu'il appelle *le combat de la vie.* Voilà pourquoi dans son ouvrage il ne met aux prises que les instincts et les appétits ; aussi, pas un mot de l'amour maternel, qui pourtant joue un bien noble rôle dans la nature, mais qui n'avait rien à faire dans ces luttes d'extermination. Ce qu'il y a de curieux à mon sens, c'est de voir intervenir dans ces fastes un pouvoir que Darwin déclare intelligent et auquel il donne le nom de *sélection naturelle.* La sélection naturelle, rase d'une aile silencieuse les champs où la lutte est engagée, jetant aux combattants les armes destinées, non pas à secourir les faibles, mais à aider les forts, à triompher plus rapidement de leurs adversaires. C'est une hypothèse, n'est-ce pas, et des plus hardies, quoique les matérialistes s'en défendent. Quant à moi, pour parler leur langage, je préfère l'hypothèse du spiritualisme.

XIV

MATERIALISME, POSITIVISME

Maintenant j'interroge le positivisme, et j'en reçois cette réponse : « Il n'y a de réel que les corps ; l'homme et le monde s'expliquent sans Dieu, par le développement nécessaire et fatal des lois naturelles, par la vertu des propriétés élémentaires des choses. »

Il n'existe dans ce système qu'un être unique, dont chaque chose est une partie ; et cet être unique fait le monde, l'univers, la matière éternelle et sans cause.

J'ai beau retourner ces lourdes propositions, je n'y trouve rien qui puisse m'indiquer l'idée des auteurs à l'égard de l'amour maternel ni de l'affection du chien pour l'homme, pas plus que du sens moral qui porte l'homme à se dévouer pour son semblable. Ce développement nécessaire et fatal de lois naturelles, de propriétés élémentaires, de choses qui se sont implantées d'elles-mêmes dans la matière et qui y ont créé l'harmonie sans le concours d'un être intelligent, cette matière éternelle et sans cause, tout cela n'est pour moi qu'un bruissement sans logique.

XV

PANTHÉISME

Rencontrerai-je mieux dans le système opposé? Dans ce système, le monde n'obéit pas à des lois fatales ; chaque molécule de la matière, au contraire, possède une virtualité qui lui est propre et qui la pousse incessamment au perfectionnement et au progrès ; c'est sous ce rapport que le panthéisme affirme que Dieu est en tout ; mais on aperçoit bien vite que la conclusion nécessaire de semblables propositions a conduit à l'absurde.

Si le chien a été libre comme l'homme dans le choix de ses conditions de progrès, il faudrait reconnaître que, tandis que l'homme a dépassé le chien dans la voie de l'intelligence, le chien, par sa fidélité, son obéissance passive, son dévouement, a devancé l'homme dans la voie des qualités morales.

Quelle que soit ma considération pour le chien, je ne puis lui faire cette concession.

XVI

LE BUT ET LE MOYEN

Toussenel a dit : « Lorsque Dieu vit l'homme si faible, il fut ému de pitié et lui donna le chien pour auxiliaire. »

Si Toussenel eût poussé jusqu'à la démonstration de cette proposition, il n'est pas douteux qu'il l'eût établie avec la plus grande rigueur; mais cet aimable esprit se contente de l'énoncer, et ses lecteurs ont pu n'y voir rien de plus que l'une de ces brillantes étincelles si familières à la verve intarissable de l'auteur.

Je reprendrai donc sa thèse, et je le ferai en peu de mots : Dieu seul, après avoir choisi le chien pour compagnon et auxiliaire de l'homme, lui donna toutes les qualités de l'emploi. Ce fut d'abord une intelligence capable de comprendre, en dehors de ses instincts individuels, certains des intérêts, certaines des idées et des passions de l'homme ; après quoi, il lui donna un cœur pour l'y associer ; et, pour que l'affection du chien se reportât tout entière sur l'homme, pour qu'elle lui appartînt exclusivement à toute heure, à tout instant, il fit passer le chien de la série des carnassiers monogames, comme le lion, le tigre, etc., dans la série des polygames. C'est ainsi qu'en enlevant au chien l'amour de la famille, il le livra à l'homme tout entier, corps et cœur.

FIN

TABLE DES MATIÈRES

PREMIÈRE PARTIE

LE CHIEN DEVANT L'OPINION

DEUXIÈME PARTIE

L'HOMME ET LES ANIMAUX

PARIS. — IMP. SIMON RAÇON ET COMP., RUE D'ERFURTH, 1.

www.ingramcontent.com/pod-product-compliance
Ingram Content Group UK Ltd.
Pitfield, Milton Keynes, MK11 3LW, UK
UKHW021535260726
13993UKWH00002B/513